世界高端文化珍藏图鉴大系

普洱茶

（修订典藏版）

林婧琪 / 编著

辽宁美术出版社

图书在版编目（CIP）数据

普洱茶：修订典藏版 / 林婧琪编著. — 沈阳：辽宁美术出版社，2020.11

（世界高端文化珍藏图鉴大系）

ISBN 978-7-5314-8578-0

Ⅰ．①普… Ⅱ．①林… Ⅲ．①普洱茶-茶文化-图集 Ⅳ．①TS971.21-64

中国版本图书馆CIP数据核字（2019）第271360号

出 版 者：辽宁美术出版社

地　　　址：沈阳市和平区民族北街29号　邮编：110001

发 行 者：辽宁美术出版社

印 刷 者：北京市松源印刷有限公司

开　　　本：787mm×1092mm　1/16

印　　　张：16

字　　　数：250千字

出版时间：2020年11月第1版

印刷时间：2020年11月第1次印刷

责任编辑：彭伟哲

封面设计：胡　艺

版式设计：文贤阁

责任校对：郝　刚

书　　　号：ISBN 978-7-5314-8578-0

定　　　价：98.00元

邮购部电话：024-83833008

E-mail:lnmscbs@163.com

http://www.lnmscbs.cn

图书如有印装质量问题请与出版部联系调换

出版部电话：024-23835227

前 言
PREFACE

中国是茶叶的故乡，茶树原产于西南地区，而云南是茶树原产地的中心地带。在少数民族民俗文化里，处处体现着当地人对茶的崇拜，茶是当地人生活的重要组成部分，而普洱茶是云南最具有代表性的一种茶。神秘的马帮，沿着风光旖旎、路途遥远的茶马古道，将位于西南边陲崇山峻岭中的普洱茶传播到全国乃至世界各地。现在，云南普洱茶早已风靡全球，成为受到世界各地普遍欢迎的茶饮料。

普洱茶以云南大叶种晒青毛茶为原料，经过发酵后加工成散茶和紧压茶。越陈越香是普洱茶区别于其他茶类的最大特点，因此普洱茶也被尊称为"可入口的古董"。普洱茶的味道会随着时间的变化而变化，使你很难在某一时刻对其有全面、细致、透彻的了解，而这正是普洱茶的魅力所在。普洱茶讲究冲泡技巧和品饮艺术，其茶汤橙黄浓厚，香气持久，香型独特，滋味浓醇，经久耐泡，多次冲泡后仍有滋味。此外，普洱茶还具有降低血脂、减肥、助消化、暖胃、生津、止渴、醒酒、解毒等多种保健功效。因此，在注重养生的今天，普洱茶可以说是

P 前言
REFACE

现代人饮茶的不二之选。

　　普洱茶除了可用于品饮之外，其本身还具有收藏价值。近些年来，收藏普洱茶的风气日盛。然而，由于种种原因，人们对云南普洱茶的认识还不够全面、系统。本书从实际出发，详细介绍了普洱茶的历史渊源、产地、分类、制作流程、冲泡技巧、选购方法、收藏要点和储存方法等，对普洱茶品鉴和收藏爱好者来说会大有裨益。

　　本书内容全面、版式新颖、图文并茂、装帧精美，集实用性和观赏性于一身。通过阅读此书，读者不但可以在理论和实践两个方面有所提高，还会真正感受到普洱茶的别样魅力，从而发自内心地爱上它。

　　由于编者水平有限，加之时间仓促，书中难免会有疏漏之处，敬请广大读者批评指正，以便再版时加以修正。

CONTENTS

目 录

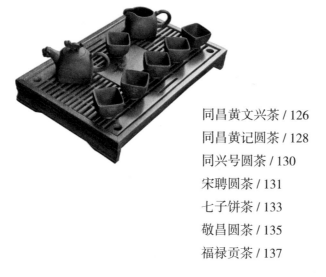

第四章 滋味隽永——普洱茶冲泡

第五章 精挑细选——品评选购

第六章 百年普洱——收藏储存

01

第一章

质朴自然

——普洱茶概况

溯源：前世今生话普洱

　　茶叶的发源地之一是云南，早在商周时期当地就开始种植茶树了。东晋常璩所著地方志《华阳国志》就已经记载了商周时期巴蜀之地引进了云南茶树进行种植。到了三国时期，蜀汉丞相诸葛亮对西南地区进行开发，此举促进了云南茶叶的发展。现存最古老的普洱茶树在云南普洱县，高 13 米，树冠 32 米，已有 1700 多年的历史。这些都是云南茶树种植历史悠久的最好证明。

云南地区古茶树

文成公主进藏图

　　茶叶贸易在两晋、南北朝乃至隋朝都是重要的税收来源，各王朝都很重视茶树种植。唐代的樊绰在《蛮书》中记载了云南种植、生产茶叶的事宜，这是人们在文献中第一次提到普洱茶。普洱茶在当时名为"银生茶"，它因地域而得此名，当时的思茅属于南诏国的银生府管辖。唐贞元十年（794年），南诏国在易武茶区设置了"利润城"，从此普洱茶开始在南诏的经济发展中发挥重要的作用。唐乾符六年（879年），南诏国在现在的宁洱县设置睑治，名叫"步日睑"，其中"利润城"及古六大茶山所在的澜沧江区域都属于其管辖范围。另外，此时期文成公主与吐蕃和亲，她将茶带进了藏区，为日后滇藏茶马贸易的开展奠定了基础。

到了五代十国时期，统治云南的不再是南诏而是大理。大理国将"步日睒"改为"步日部"，先归威楚府管辖，后归属蒙舍镇。两宋时期，由于国家时常受北方少数民族的侵扰，战火不断，大量的战马需求促进了大理—吐蕃—宋三角贸易的发展，也使得茶叶的种植范围进一步扩大。

　　到了元代，统治者将"步日"改为"普日"，所产茶叶被叫作"普茶"。由于元代统治者蒙古族是游牧民族，战马数量很多，因此茶马贸易变得不景气，普茶发展得缓慢。元代中期，普茶随蒙古人西进，传入了俄罗斯。

（明）陈洪绶　停琴品茗图

（明）唐寅　事茗图

　　到了明代，明太祖将"普日"改为"普耳"，由车里军民宣慰使司管辖，后来"普耳"改称为"普洱"。明人喜好品饮普洱茶，明代方志学家谢肇淛著《滇略》中记载："士庶所用，皆普茶也。"由于明代的对外政策很开放，边疆贸易形势大好，普洱茶得以迅速发展，思茅和普洱成为茶叶的加工和集散中心，并向外辐射形成了六条茶马古道，由此普洱茶行销至中原地区、西藏地区以及越南、缅甸、泰国等东南亚国家，并通过港澳转运至其他东南亚国家，甚至远到欧洲。

到了清代，普洱茶发展到了一个新的高度。雍正七年（1729年），普洱府正式设立，现今普洱市及西双版纳傣族自治州在内的大片地区都归其管辖，普洱茶还被进贡到宫廷中，从此普洱茶声名鹊起。乾隆时期，普洱茶销售到全国各地，成为官府的重要税收来源。光绪年间，法国、英国先后在普洱设立海关，促进了普洱茶的出口远销贸易，普洱茶马古道再次繁荣起来。

茶马古道遗址

便于长途运输的普洱茶

　　20世纪前半期，国内硝烟四起，普洱茶的发展遭受了数次毁灭性的打击，直到中华人民共和国成立后才步入正轨。中华人民共和国成立后，普洱茶的主要市场不在国内，而是作为出口创汇商品销往东南亚地区。直到20世纪90年代以后，普洱茶才在国内逐渐受到关注，品饮普洱茶成为时尚、养生的象征，普洱茶的价格不断飙升，普洱茶产业也繁荣起来。

简介：云南名茶天下闻

　　普洱茶，又名滇青茶，是中国特有的以地域命名的云南传统名茶，因其原运销集散地在普洱县而得名。随着普洱茶的兴起，这种原本产于偏远云南地区的古老茶种日益受到现代人的关注。那么普洱茶究竟有何独特之处能让众多品茶爱好者、收藏家爱不释手呢？

普洱熟茶

普洱茶树

　　普洱茶在产地、品种、品质、制作工艺、形状包装、饮用上皆独具特点。

　　云南省澜沧江流域的茶山或野生茶林生长着普洱茶树，该地区终年降水丰富、云雾缭绕、土层深厚、土地肥沃、无污染，所产茶叶是纯天然的有机茶。树龄几百年的野生普洱茶树数不胜数，且与樟脑树、枣树等混生，因此这里的普洱茶冲泡之后会有独特的樟香和枣香等香气，很特别。

普洱茶是用云南大叶种茶制成的，其特点是芽长而壮、白毫较多，叶片大而质软，茎粗、节间长，新梢生长期长，嫩芽多。另外，由于云南地区的土壤和气候都非常适合茶树生长，所以云南大叶种茶的茶叶中内含物质很丰满，儿茶素和茶多酚含量均很高，这是普洱茶能不断发酵、越陈越香的主要原因。

普洱茶饼

普洱茶

普洱茶不同于其他茶叶的特征是越陈越香，与人们常说的"茶贵新、酒贵陈"的传统观点完全不同，因此普洱茶可以用于收藏。普洱茶能够在空气中持续发酵，存放时间越长越香醇，随着陈化期的延伸，品质越来越好，价格也会越来越高。

普洱茶的制作工艺具有独特之处，它是在晒青毛茶的基础上经自然发酵或人工渥堆发酵制作而成的。晒青和后发酵是普洱茶与其他茶叶在制作方面最明显的差异。

葫芦形普洱茶

　　普洱茶的形状和包装与其他茶叶颇为不同。除了散茶外，普洱紧茶可以制成沱茶、饼茶、方茶、瓜茶、砖茶、心形茶、葫芦茶、竹筒茶等，形态各异。普洱茶的外包装一般采用天然材料，如笋叶、竹篮、扎篾等，既通风透气利于后续发酵，又便于运输、饮用及保存，充满淳朴自然的意味。

　　在众多茶类中，普洱茶是最讲究冲泡技巧和品饮艺术的，其饮用方法很丰富，既可清饮，也可混饮。汉族人喜欢清饮，少数民族人喜欢混饮。现代人注重养生，常在普洱茶中加入菊花、枸杞、西洋参等养生茶材冲泡。普洱茶非常耐泡，用盖碗或紫砂壶冲泡陈年普洱茶，可冲泡多次，茶味仍旧不减。

普洱茶冲泡

紫砂壶

《世间茶具之首——紫砂壶》

　　紫砂壶是颇受茶叶爱好者喜欢的泡茶用具，无论用它泡什么茶，都能散发出茶叶最醇正的香气，展现出茶最本真的色泽。紫砂壶备受推崇，和它的众多优点是分不开的：（1）紫砂是一种双重气孔结构的多孔性材质，用紫砂壶沏茶，不失原味。（2）紫砂壶透气性能好，故而泡出的茶不易变味，暑天越宿不馊。（3）紫砂壶适应冷热急变能力佳，传热性缓慢，不易因为温度的突变而爆裂，而且泡茶后握持不会烫手。（4）紫砂壶能吸收茶汁，使用一段时日后，即使注空壶里注入普通沸水也有茶香，这是其特别之处。

产地：彩云之南是故乡

三大茶区

　　云南澜沧江中下游区域是普洱茶的主要产区，它地处北回归线以南，属热带、亚热带高原气候，为茶树生长提供了良好的环境。云南普洱是全世界古茶树发现最多、种类最全、树龄最大的地域。今天我们所说的普洱茶区，主要指下关茶区、勐海茶区和易武茶区三大茶区。

云南茶树鲜叶

下关圆茶

1. 下关茶区

1950 年，中国茶业公司云南省分公司下关茶厂在云南省大理市成立。20 世纪 70 年代末，下关茶厂负责加工顺宁、缅宁、景谷、佛海等茶区的茶青，因此这一带被统称为下关茶区。现在的下关茶区包括思茅地区、保山与临沧地区北部，涵盖保山、昌宁、云县、景东、景谷、墨江、镇沅、思茅等县市。下关茶区的特点是纬度高、海拔高、气温低、降水较少，所产茶青的特点是质重、香气较沉、味道微酸苦。

2. 勐海茶区

清朝以前普洱茶的生产主要在普洱府，到了清末，普洱茶的加工技术传至倚邦、易武、勐海等地区。民国初年，因政治、经济、交通等原因，加上瘟疫爆发，茶叶的贸易重心转移到了勐海地区。20世纪50年代初期，勐海茶厂除本县茶区外，还在景洪、勐腊等县设站收购毛茶。现在，勐海茶区包括西双版纳地区澜沧江以南的范围，有景洪、巴达、布朗山、班章、南糯山、勐龙、勐宋、勐遮等地。该茶区的特点是纬度与海拔较低、气温稍高、湿润多雨，所产茶青的特点是性强、香气浓、较涩。

勐海茶区茶叶

3. 易武茶区

易武茶区在普洱附近，是历史悠久的普洱茶原料产地。其范围包括易武、基诺山、攸乐、倚邦、江城等地。易武茶区内茶园众多，不但有野生茶园，还有少数民族栽培的茶园和大量制作茶品的私人作坊。在三大茶区中，易武茶区的纬度和海拔是最低的，这里气候温暖湿润，生长着大量古老原始的茶树种类，其茶叶特点是茶质厚重、香气独特、苦涩度高。

易武

云南古茶树

古今六大茶山

　　普洱茶产区的六大茶山有古今之分，古今六大茶山是不同的，它们分别分布在澜沧江南北两岸，古今六大茶山都是优质普洱茶的主要产区。

　　古茶山

1. 攸乐茶山

　　攸乐茶山在古六大茶山中地位最高，是历史上普洱茶的主要产地。攸乐茶山的中心是景洪市的攸乐山（现改名为基诺山），其范围东西绵延75千米、南北长 50 千米。现如今有占地 130 多公顷的古茶园, 古茶园里的大部分茶树都超过 80 厘米高, 所产茶叶的特点是味道偏苦涩、味浓、回甘快、易生津、香气高, 汤色呈淡橘黄色。

2. 革登茶山

西双版纳傣族自治州的勐腊县坐落着革登茶山, 象明乡、新酒房、莱阳河等地都在其范围之内。早在清朝时期, 革登茶山就已经声

攸乐茶山

名远扬了，但是现在基本已经不产茶，山上的老茶树大部分已不复存在，仅余茶房、秧林、红土坡等不足 33.3 公顷的古茶园。革登茶山所产的茶特点是苦涩味不是很强，回甘快，香气淡而清高，汤色呈橘黄色。

3. 倚邦茶山

西双版纳傣族自治州的勐腊县中北部还有倚邦茶山，它在古六大茶山中海拔最高。在古代，这里是普洱茶重要的加工地和集散地，有很多进行茶叶贸易的街市，清朝时进贡给朝廷的普洱茶也是这里出产的。倚邦茶山出产的小叶种茶质量最好，回甘快、生津好，开水冲泡后，茶叶根根直立，茶汤为橘黄色，味道甘香。

4. 莽枝茶山

莽枝茶山位于西双版纳傣族自治州勐腊县中北部，早前因茶叶贸易引起世人的广泛关注，但是现在的莽枝茶山已经没落。莽枝茶山出产的一种带有特殊香味的中小叶种茶最受世人喜爱，其特点是较为苦涩、回甘强、生津快、汤色呈橘黄色。

5. 蛮砖茶山

西双版纳傣族自治州的勐腊县坐落着蛮砖茶山，包括蛮林和蛮砖等地。从古至今，蛮砖茶一直为世人所推崇，古代流传着"喝蛮砖看倚邦"的说法。蛮砖茶区的古茶园保存较为完整，此地普洱茶的特点是苦涩味较重，兼有梅子的香气，回甘强烈、生津好、茶汤颜色为深红色。

6. 曼撒茶山

西双版纳傣族自治州的勐腊县中北部还有曼撒茶山。曼撒茶山在清朝时名气很大，后来这里发生了火灾，造成了很大的损失，其地位逐渐被临近的易武茶山超越。曼撒茶山上生长着正宗的大叶种茶，其味道有些苦涩，香气浓，在梅子香、蜜香中透着一股幽兰香。

新茶山

古六大茶山全都位于澜沧江北岸，而今六大茶山全都位于澜沧江南岸，它们分别是南糯、南峤、勐宋、景迈、布朗、巴达。近代普洱茶主要出产于今六大茶山，其所产茶也各具特色。

古茶树

南糯茶山

1. 南糯茶山

南糯茶山坐落于勐海县东北侧，屹立在流沙河东岸，在傣语里，南糯是笋酱的意思。南糯茶山是著名的古茶山，土壤土层深厚、土质肥沃，具有适宜大叶种茶树生长的最佳生态环境。由于雾日多，故所产茶品质极佳，全国名茶"南糯白毫"原料就产于此。

代表茶属乔木大叶种，微苦涩，回甘、生津好，汤色橘黄、透亮，透着蜜香、澜香，谷花茶淡香如荷。南糯山历史上就是闻名遐迩的古茶山，至今仍存活着一株已逾千年的栽培型的茶王树。

2. 南峤茶山

南峤茶山又被称为勐遮古茶山。明朝隆庆四年（1570 年）设十二版纳时，勐遮、景真和勐翁为一版纳，1927 年在这里设县，当时称五福县，三年后更名为南峤县，这也是南峤古茶山得名的原因。1958 年 11 月，南峤（已改名勐遮）县与勐海县合并，改设为勐遮区。勐遮是勐海县境内最大的平坝，坝中是万顷优质的稻田，而平坝四周和坝中低矮的山丘上，则是连片种植达万亩的新式茶园。

3. 勐宋茶山

勐宋茶山位于勐海县东部，东与景洪市接壤，南接勐海格朗和乡，西南接勐海镇，北与勐阿镇交界。勐宋是傣语地名，意为高山间的平坝。

代表茶属乔木中叶种，乔木茶树不成林（片），灌木居多，口感苦涩，微微回甘，生津一般，汤色深黄，条索墨黑。

4. 景迈茶山

景迈茶山位于云南省思茅市澜沧县惠民乡，东临西双版纳傣族自治州勐海县。景迈茶山是目前世界上面积最大、历史最长、保存比较完整的人工栽培型古茶林，茶树属乔木大叶种，十二大茶山中乔木最大的一片集中在这里，号称"万亩乔木古茶园"。

此山茶叶属乔木大叶种，苦涩味重，回甘生津强，汤色橘黄剔透。

5. 布朗茶山

布朗茶山位于西双版纳傣族自治州勐海县南八十千米处，南部与缅甸山水相连。布朗山是布朗族的主要聚居区，布朗族为古代濮人后裔，据说他们是制茶的始祖。

代表茶属乔木大叶种，较苦涩，回甘快、生津强，汤色橘黄透亮。布郎山所产的茶品，香气独特，有美子香、花蜜香、兰香，是很多中外客商和普洱茶爱好者梦寐以求的收藏佳品。

巴达茶山

6. 巴达茶山

巴达茶山坐落于云南西双版纳傣族自治州勐海县东北侧、流沙河东岸，这里生长着成片的栽培型茶树和野生茶树林。贺松村大黑山上就生长着一株 1800 年的野生型茶王树。

此山茶叶属乔木大叶种，味苦涩，回甘、生津快，汤色橘黄晶莹、透亮，条索墨绿油亮。香气好，有兰香、蜜香。

传说："武侯遗种"成美谈

　　在云南各少数民族中，一直流传着"武侯遗种"的传说。武侯就是三国时期蜀汉丞相诸葛亮。公元225年，诸葛亮率军南征到了缅甸北部重镇腊戎，由此打开了通向印度、缅甸的商路。由于云南一带环境潮湿，利于蚊虫的滋生，因此很多将士感染了疫病。那里的大夫用水煮当地的野生茶给将士们服用，许多人的病竟然渐渐好了起来。诸葛亮看到茶叶有这样的功效，在南征后返蜀时，他做了两个有利于茶叶发展的举措。第一个举措是由于当时很多士兵身体仍旧虚弱，不能跟随军队长途跋涉回蜀，只能留在当地，于是诸葛亮便让那些留下来的士兵在当地兴种茶叶，并将茶叶作为当地跟蜀国交换的商品；第二个举措是从当地部落首领那里购得茶籽运回蜀地种植。诸葛亮的做法不仅为留下的士兵谋划了一条出路，还推动了茶叶在当地的发展。因此，直到今天，当地的基诺族还奉诸葛亮为茶祖，每年都举行祭拜活动。

云南地区孔明像

云南普洱茶砖

分类：不同依据分门类

茶树的分类

没有得天独厚的名茶树，就不可能有世人交口称赞的云南普洱茶，人们常说"一方水土养一方人"，这个观点又何尝不适用于茶树。云南独特的自然环境，造就了云南茶树拥有其他地域茶树无可比拟的优点。下面我们介绍几种不同类别的茶树。

云南茶树

野生型茶树通常是乔木类，较为高大，多数高约 3 米。野生型茶树出产的茶叶很少有毛茸茸的嫩叶，叶片边缘有稀疏的齿，叶质很肥厚，不容易被揉捻加工，不易形成条索。制作成毛茶后，颜色为墨绿色，香味独特、浓厚。冲泡饮用时，口感很顺滑、刺激性小、甘甜、回味无穷。

乔木型茶树

栽培茶

还有一种野生茶是栽培出来的，主要是灌木或小乔木，高1.5米左右。这种茶树上有很多身披银毫的嫩叶，叶子的边缘有很细的齿，制作成毛茶后是深绿色或黄绿色，开水冲泡后香气高扬。

还有些荒坡上也种植着一些茶树，人们很少去打理它们，任其自然生长。这样生长的茶树叶子更加肥厚，颜色很深，口感和香气都很特别。

茶园茶是现在最常见的，茶树经过人工栽培和管理，基本上都是灌木，所出产的茶叶芽体肥壮、银毫丰富、叶片较薄、口味不够悠长、不太耐泡。

  云南的茶树树种有大叶茶和小叶茶之分。大叶茶是用乔木茶叶制作的，叶片通常有十多厘米长，是用来制作普洱茶的主要原料，所以普洱茶一直沿用着大叶茶的名称。小叶茶是一些灌木茶树所生的叶片，叶片很小。

云南大叶种茶

普洱压制茶

普洱茶的分类

按照普洱茶的外形，我们可将其分为压制茶和散茶。

1. 普洱压制茶

普洱压制茶是根据市场的需求，用机械把各种级别的普洱散茶半成品压制为成型的沱茶、砖茶、圆茶及茶果等。下面我们来介绍一下市场上常见的普洱压制茶。

（1）七子饼茶

七子饼茶因在包装时每七饼装一筒而得名，又因为其形似圆月，因而也被叫作"圆茶"。七子饼茶每饼净重357克，该茶颜色为暗褐色，油润光亮且有毫，香气浓郁持久，冲泡后茶味醇和，茶汤颜色深红明亮。

七子饼茶

普洱沱茶

（2）普洱沱茶

　　普洱沱茶是云南茶中历史相当悠久的茶制品。关于沱茶名字的由来，当地有两种不同的说法。一种说法是此茶是由团茶演变而来的，故得此名；另一种说法是因其曾行销四川沱江一带。今天的普洱沱茶是由思茅地区景谷县的"姑娘茶"转化而来，于清光绪二十八年（1902年）创制，发展到今天已有一百多年的历史，其中下关沱茶最受人们欢迎。沱茶的形状与窝头类似，一般外口直径为8.2厘米，高为4.2厘米。沱茶呈红褐色，油润略显毫，陈香馥郁，冲泡后茶味醇厚，汤色深红明亮。

普洱砖茶

（3）普洱砖茶

普洱砖茶的外形是长方体或正方体，这种形状方便运输，重量通常在 250~1000 克，是一种很具有代表性的压制茶。砖茶的茶色为暗褐色，油润且有毫，香气纯正，茶味浓厚微涩，汤色深红。

（4）金瓜贡茶

金瓜贡茶外形独特，与南瓜相似，茶芽长年陈放后色泽金黄，又因早年常被进贡给朝廷，故得名"金瓜贡茶"。此茶香气浓郁，且浓而不腻、清新自然，在普洱茶中占有极其重要的地位。

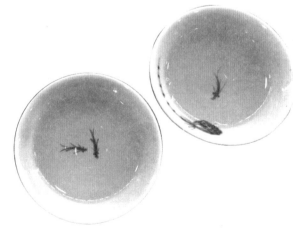

金瓜贡茶

普洱小沱茶

（5）普洱小沱茶

普洱小沱茶的形状与普洱沱茶差不多，但个头很小。小沱茶茶色暗褐、油润，茶香纯正，茶味醇厚，有甘美的回味，汤色又红又浓。

（6）千两茶

将普洱茶压制成大小不等的紧压条形，因每个茶条都较重，故名千两茶。陈年千两茶色泽如铁、微微泛红，冲泡后汤色偏红明亮，陈香醇和绵厚，滋味圆润柔和，令人回味无穷。

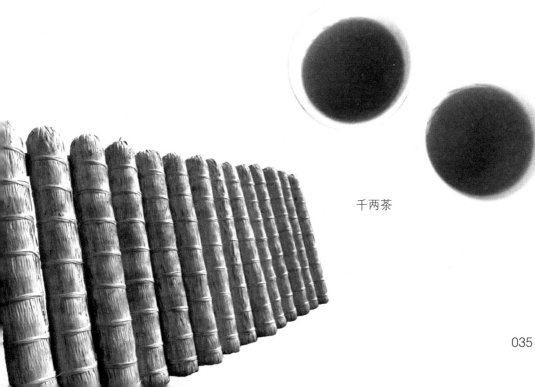

千两茶

2. 普洱散茶

散茶，顾名思义就是制茶过程中未经过紧压成型、茶叶状为散条形的茶。根据茶叶原料的不同可将散茶分为用整片茶叶制成的条索粗壮肥大的叶片茶和用芽尖部分制成的细小条状的芽尖茶。

对普洱茶有一些了解的人一定常听到"生茶""熟茶"的叫法，这是按照不同的制法对普洱茶的区分。

普洱散茶

普洱生茶

（1）生茶

生茶是以符合普洱茶产地环境条件下生长的云南大叶种茶树鲜叶为原料，经杀青、揉捻、日光干燥、蒸压成型等工艺制成的茶，包括散茶及紧压茶。生茶的特点是干茶色泽墨绿，冲泡后香气清醇持久，滋味浓厚回甘，茶汤绿黄清亮，叶底肥厚黄绿。

（2）熟茶

熟茶是以符合普洱茶产地环境条件下生长的云南大叶种晒青茶为原料，采用渥堆工艺，经发酵（人为加水提温促进细菌繁殖，加速茶叶熟化去除生茶苦涩以达到入口醇和、汤色红浓之独特品性）后加工形成的茶，也包括散茶和紧压茶。普洱熟茶的特点是茶叶色泽褐红，冲泡后带有独特的陈香，滋味醇和，汤色红浓明亮。

普洱熟茶

制作：窥探普洱制成法

名贵的茶树品种

普洱茶的优良品质与它的树种有很大关系。目前已知的山茶属植物有 200 种左右，茶组植物共有 34 种，而云南占了 31 种和 2 个变种。栽培型茶树多属于茶系中的茶和普洱茶变种。野生型茶树多属于五室茶系的大厂茶和五柱茶系的大理茶。总的来说，适合制作普洱茶的茶树品种有勐海大叶茶、易武绿芽茶、元江糯茶、景谷大白茶、云抗 10 号、云抗 14 号、云选 9 号、双江勐库大叶种、凤庆大叶种等。下面我们来介绍五个国家级良种。

名贵茶树

勐海大叶种

1. 勐海大叶种

勐海大叶种又名佛海茶，是有性繁殖系品种。属于小乔木，特大叶类，早芽种。滇南一带是其主要产地。植株高大，高者可达 7 米以上，分枝部位高，分枝稀疏，树姿开张。叶形为椭圆或长椭圆，结实率低，不耐寒，产量较高。

勐库大叶种

2. 勐库大叶种

勐库大叶种又名双江勐库种，是有性繁殖系品种。属于乔木型，特大叶类，早芽种。双江、临沧、镇康、永德等县是其主要产地。树冠高大，分枝部位高，分枝较稀疏，树姿开张。宜在气候温暖湿润、土壤深厚肥沃的地方生长。

3. 凤庆大叶种

凤庆大叶种也叫凤庆种,是有性繁殖系品种。乔木型,特大叶类,早芽种。凤庆、云县、昌宁一带是其主要产地。植株高大,分枝部位高,密度较稀,树姿开张或半开张。叶形为椭圆或长椭圆,叶色绿润,叶质柔软,易于揉捻成条。

4. 云抗 10 号

云抗 10 号是无性繁殖系新品种。乔木型,大叶类,早芽种。新梢生长快,育芽能力强。植株高大,分枝部位高,树姿开张。叶片茸毛多,产量高。

凤庆大叶种

5. 云抗 14 号

云抗 14 号是无性繁殖系品种。乔木型，大叶类，中芽种。从西双版纳勐海县南糯山群体品种中单株选育而成。植株高大，树姿开张。具有较强的抗寒、抗旱、抗病能力，产量较高。

云抗改良品种

普洱茶的采摘

普洱茶的制作

1. 普洱茶的采摘

普洱茶生长在气候温暖的低纬度地区，故其采茶期较长。但因茶树品种不同，出芽轮次有多有少，所以其采茶期长短不一。通常来看，云南大叶种茶每年可采摘五六轮。普洱茶的采摘期从每年二月下旬直到十一月。春茶的采摘依据时间的早晚分为"春尖""春中""春尾"，当地人称夏茶的采摘为"二水"，秋茶的采摘则被称为"谷花"。

因采摘季节的差异，茶叶的品质多有不同。一般来说，一年当中"春尖""谷花"两个时期采摘的云南茶叶质量最佳。春茶清香爽口、沁人心脾；夏茶味道浓烈但苦味欠缺；而秋茶则是香中带苦，苦后回甜，令人回味无穷。目前，云南名贵的普洱茶主要是以"春尖"为原料制成的。

普洱茶的采摘

茶树鲜叶

◈ 鲜叶分级指标 ◈

特级：70% 以上是一芽一叶，30% 以下是一芽二叶；

一级：70% 以上是一芽二叶，同等嫩度其他芽叶占 30% 以下；

二级：60% 以上是一芽二三叶，同等嫩度其他芽叶占 40% 以下；

三级：50% 以上是一芽二三叶，同等嫩度其他芽叶占 50% 以下；

四级：70% 以上是一芽三四叶，同等嫩度其他芽叶占 30% 以下；

五级：50% 以上是一芽三四叶，同等嫩度其他芽叶占 50% 以下。

2. 晒青毛茶的制作工序

晒青毛茶又名滇青或滇绿，是鲜采茶叶经杀青、揉捻、晒干后制成的。晒青毛茶味道非常浓烈，初次品尝的人是很难习惯的。

下面我们简单介绍一下晒青毛茶的加工步骤。

（1）杀青。一般采用锅炒的方式杀青。大叶种含水分较多，杀青时要采用抖闷结合的方式，这样可以使茶叶均匀失水，达到杀透杀匀的目的。

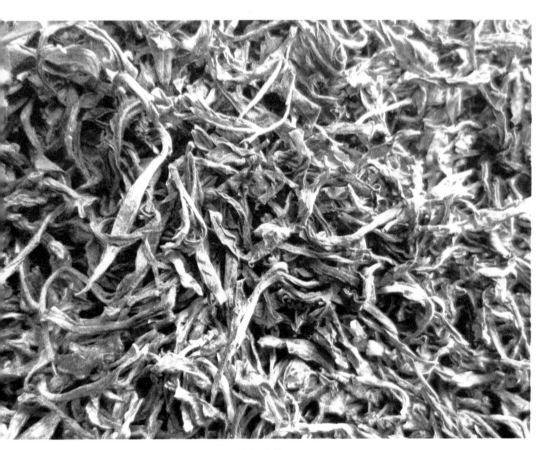

晒青毛茶

揉捻

（2）揉捻。由于茶叶老嫩情况不同，揉捻应灵活掌握。嫩叶揉捻力度不要太大，时间不宜过长；老叶重揉，揉捻时间要加长。揉至茶叶基本呈条状就可以了。

（3）晒干。利用日光，薄摊晒干，最佳程度是使茶叶含水率在10%左右。如果不方便晒干还可烘干，烘干的茶叶品质会更好。

3. 普洱生茶的制作工艺

普洱茶可以分为传统普洱茶和现代普洱茶两类。传统普洱茶是采用传统工艺制作出来的，也就是生普洱，而现代普洱茶指的是熟普洱。不管是生茶还是熟茶，都是在晒青毛茶的基础上加工而来的。

普洱生茶就是成品中所称的"青饼"，它用云南大叶种晒青毛茶直接蒸压而成，为了便于储存和运输，多制成团、饼、砖、沱等。

茶团

普洱茶的包装

　　晒青毛茶送到加工厂之后，相关人员会查看其水分含量和茶梗多少，并以此为依据将其分为五级十等。而后接着对茶青进行挑拣，拣去黄叶、茶梗等，然后装袋。下一步是入蒸筒称重。由于毛茶易碎，要小心轻放，放满一筒后放上内飞，内飞上面放少许茶青，接着蒸软茶青。蒸汽的大小和时间要掌控好，否则会影响茶的质量。蒸好后，将茶青放入棉布袋中，为压制做准备。趁茶青温热的时候，用石磨人工压制。压出的茶不宜太松，也不宜太紧，这样才有利于后期陈化。将压制好的茶从棉布袋中取出，在阳光下自然晾干，然后放上内票，用绵纸包装好，再用笋壳或竹线包扎。这种包装防潮、透气，茶叶不会在路上发生霉变。饼茶须重357克，每筒共7饼，刚好2499克，这就是七子饼茶。每一篮装12筒，共约30千克，一匹滇马可驮两篮约60千克，符合茶马古道的运输要求。

世界高端文化珍藏图鉴大系

普洱熟茶

4. 普洱熟茶的制作工艺

传统普洱茶是用云南大叶种晒青毛茶经手工揉捻蒸压做型制成的，但是严格来说这种茶属于绿茶。而普洱熟茶是在云南大叶种晒青毛茶的基础上，经泼水渥堆发酵等特殊工艺加工而成的人工后发酵茶。

渥堆是现代普洱茶经人工后发酵加工工艺新技术，在普洱茶的色、香、味以及品质形成的过程中发挥着非常重要的作用。渥堆发酵的方法是：先将茶叶均匀摊开，再泼水使茶叶吸水受潮，然后把茶叶堆成一定的厚度，让其渥堆发酵。

渥堆场所要注意卫生，不要让阳光直射，室温不能低于 25℃，相对湿度在 85% 左右。渥堆过程中要严格遵守操作要求。一级、二级茶叶初揉后解散团块，以 15~25 厘米的厚度堆在蔑垫上，上面盖湿布，并加覆盖物，这样可以保湿保温，促进发酵。在渥堆进行中，根据堆温的变化情况，中途要翻动 1~2 次。如初揉茶叶含水量不足 60%，应均匀喷一些清水，每 100 千克茶坯喷水约 6 千克。在渥堆过程中，还要注意将茶堆适当筑紧，这样可以保温保湿。但不能过度筑紧，否则易造成堆内缺氧，影响渥堆质量。

普洱熟茶

七子饼茶

经过一段时间的渥堆发酵后，茶叶变为褐色，散发出特别的陈香味，滋味变得浓厚醇和。渥堆完成后需要摊堆晾干。

晾干后的茶叶，解散团块，茶叶松散成条后，进行筛选分档，这就制成了熟普洱散茶。熟普洱散茶经蒸压后可制成普洱沱茶、普洱砖茶、七子饼茶、小饼茶等紧压茶。

《 普洱茶与红茶的区别 》

　　云南省既出产普洱茶也出产红茶，这两种茶均属于发酵茶，在加工过程中，茶叶中的多酚类物质经发酵过程而氧化。但它们的发酵方式及条件不同，选用的原料也不同。

　　在红茶的发酵过程中，茶树鲜叶中多酚类物质的氧化是依靠多酚氧化酶及过氧化物酶的酶促作用完成的。而普洱茶中多酚类物质的氧化主要依靠湿热作用完成。另外，红茶的原料是鲜叶，而普洱茶的原料是"青毛茶"，在加工"青毛茶"的"杀青"过程中，酶的活性已被钝化，使普洱茶所具有的氧化产物及品质特征与红茶截然不同。

红茶

功效：养生健体好伴侣

　　古代，人们就认识到了茶的药用价值。前文的"武侯遗种"就讲到当地大夫用茶叶为士兵治疗疾病的故事。还有不同朝代的多位医家都曾在著述中提到过普洱茶的功效。由此可见，在很久以前人们就将茶用于医药方面了。现如今，随着普洱茶日益流行，越来越多的人感受到普洱茶的独特魅力，更令人感到惊喜的是，普洱茶还具有养生功效。

普洱茶饮

普洱茶

消食和胃

　　饮用普洱茶有利于消化，这是因为普洱茶汤中含有咖啡碱，可以使人的中枢神经系统兴奋，促进胃液分泌，加快胃的蠕动，进而帮助消化，利肠通便，增进食欲。另外，普洱茶一般都是经过熟化的，茶性不寒不热，不会刺激胃。

利尿

　　普洱茶有利尿的功效，这是因为茶叶中的咖啡碱和茶碱能通过扩张肾脏的微血管，增加肾脏流血量，控制肾小管的吸收功能并提高肾小球的滤过率。因此，肾脏功能不好的人应该少喝茶。而湿气较重的人宜多饮茶，茶可起到祛痰除湿的作用。

普洱茶

普洱茶

清心明目

　　人眼的晶状体比起其他身体组织更需要维生素 C。人体缺少维生素 C，容易导致晶状体浑浊，如长时间未得到补充，则有患白内障的风险。而普洱茶中含有丰富的维生素 C，可以提高人体的抵抗力，预防白内障。此外，茶中的维生素 B_2 对眼部与黏膜交界处的病变，如角膜炎等有很好的预防效果，所以长期饮用普洱茶对眼睛是很有好处的。

普洱茶

防龋健齿

根据现代医学研究可知，普洱茶可以抑制抗菌斑的形成，因此普洱茶有防龋健齿的功能。此外，茶多酚类化合物还可以有效抑制口腔内的多种细菌，可在一定程度上治疗牙周炎。因此，常饮普洱茶或用茶水漱口有利于口腔健康，还可以缓解口臭。

提神益思

普洱茶中含有丰富的咖啡碱和黄烷醇类化合物，它们可以刺激人的中枢神经，起到提神醒脑的功效。茶氨酸还可以通过影响脑中多巴胺的代谢和释放，预防与之相关的脑部疾病，增强人的记忆力。

减肥降脂

随着人们生活水平的提高，现代人饮食比较油腻，导致身体肥胖的人越来越多，动脉硬化、高血压、高血脂等相关疾病接踵而至。而茶内的茶多酚能有效地抑制体内血脂的主要成分如胆固醇、三酰甘油的增长，并且能促进脂类化合物的排解，同时维生素 C 也能促进胆固醇的排解，因此，茶能够降脂，而由大叶种茶制成的普洱茶降脂效果更好。

普洱茶

防冠心病

　　冠心病的全称是冠状动脉粥样硬化性心脏病，这种疾病与肥胖、高血压、高血脂和动脉硬化有很大关联。冠状动脉供血不足及血栓的形成会加重冠心病的病情，而茶多酚中的儿茶素及茶多酚在煎煮过程中不断氧化形成的茶色素有抗凝、促纤溶和抗血栓形成等作用。

普洱茶

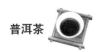

抗毒灭菌

普洱茶中的茶多酚能够凝结蛋白质，与菌体蛋白质结合而使细菌死亡。实验证明，茶多酚对各种类型的痢疾杆菌都具有抵抗作用。

虽然普洱茶具有诸多养生功效，但我们不能因此夸大其功效，将其奉为灵丹妙药。实际上，普洱茶对人的功效并不像药品一样针对病症、立竿见影，而是通过饮食来调节身体机能，根据不同人的不同身体情况进行适当调节。

普洱茶

◈ 普洱茶不宜过浓 ◈

普洱茶虽然对人体有诸多好处，但在品饮时还是要注意一些问题。普洱茶能加快人体的新陈代谢，润肠通便，但如果太浓，反而会让人不舒服，甚至导致"晕茶"或"醉茶"，所以饮用普洱茶，浓度要适宜。由于每个人体质不一样，所能接受的茶的浓度也会有差别，所以应该根据自己的身体情况多次调整，最终找到最合适的度，这才算顺性品饮。

普洱茶

02

第二章

香飘千年

——普洱茶文化

优雅醇和

云南少数民族与普洱茶文化

　　要研究普洱茶文化就必须了解云南少数民族的茶文化。有学者认为，世界上最早发现野生茶叶并加以利用的就是云南少数民族，他们还是世界上最早栽培和使用茶的民族。

　　云南的少数民族，特别是布朗族、佤族、德昂族、傣族、哈尼族、基诺族、彝族等由于长期在丛林中生活，他们擅长利用丛林进行生产和生活，故而发现并使用了茶叶，他们的茶文化流传至今。在生产、加工、利用茶叶的长期过程中，他们不断积累经验，加上与汉族茶文化的交流，他们对茶叶有了更科学的认识，并逐渐形成了一定的生产、加工和销售规模。茶也成为山区少数民族一项稳定的经济来源。云南少数民族至今仍保存着许多古老的用茶方法，堪称茶史中的活化石。

云南人与普洱茶

茶与云南人的生活息息相关

　　从古至今，云南各少数民族研究了很多有关茶叶的独特加工食用方法，随着时间的推移，逐渐发展出各民族特有的茶艺、茶礼和茶俗。而且茶还和宗教、祭祀有密切联系，形成了"无茶不成祭""无茶不成礼"的风俗。

　　云南有25个少数民族，各民族都有自己独特的语言、服饰、风俗、习惯和信仰，但他们大多把茶奉为高洁典雅之物，认为茶是上通天神、中达祖宗、下连亲友的媒介和信物。茶与各民族的生活息息相关，与其他的文化元素相依相伴。

云南阿佤人将茶叶奉为灵物，他们用茶祭"司岗里"祖先和太阳神、月亮神。不管是生娃娃道喜、老人去世、劳动或是生病等都要用茶、吃茶。而哈尼族人认为茶叶可以给人带来吉祥，要想家里万事如意、消灾灭病，婚、丧、嫁、娶都不能离开米、蛋、茶三样东西。由此看来，茶叶对于哈尼族人来说不仅仅是经济来源，还是社会交往的信物，体现了他们崇拜自然物的民族哲学。在西双版纳，很多少数民族把南糯山称为"孔明山"，尊诸葛亮为茶祖，祭奠至今。这种世世代代传承的节祭，庆祝的方式隆重而热闹。

云南阿佤人

竹筒茶

千百年来，云南少数民族栽种、制作、饮用、储存普洱茶，并用其治病、做茶食，因此积累了非常丰富的经验和技艺，并在其他地区文化的影响下，形成了各个民族各具特色的茶文化，这种文化逐渐积淀成一种民族精神，渗透在日常生活的方方面面。

虽然汉族的茶文化对普洱茶文化产生了很大影响，但云南少数民族茶文化是其文化根源，云南少数民族文化已经深深融入普洱茶文化中。

云南少数民族文化对普洱茶文化的影响

云南的民族文化对普洱茶文化有诸多方面的影响，无论是在无形的茶道方面，还是在有形的茶艺、茶俗方面都给普洱茶文化打上了不可磨灭的烙印。

1. 对茶道的影响

中国茶道精神和中华民族精神、民族性格及文化特征是相辅相成的，它是中华民族精神、民族文化的重要组成部分。中国的茶道是以修行得道为宗旨的饮茶艺术，茶艺、礼法、环境和修行缺一不可，其在某种意义上即茶文化精神和茶德。茶道精神是茶文化的灵魂，指导着茶文化活动。

茶道

中庸之道

下面我们简单介绍一下普洱茶茶道的特点。

其一是质朴。中国人讲究中庸之道，而"中和"是中庸之道的主要内涵。儒家学派认为只有"致中和"，天地万物才能和谐共存。人们常常把这种相对的和谐作为一种理想的境界。古人追求人的生理与心理、心理与伦理、内在与外在、个体与群体都达到高度和谐统一。而普洱茶中"中和"的最佳内涵体现就是质朴、简约、宽厚、温和。云南少数民族文化质朴的特质构成了普洱茶质朴内涵的文化之本。

其二是自然。《老子》中写道："人法地，地法天，天法道，道法自然。"这里的"自然"表现了两层含义：第一层是指天地万物，第二层是指自然而然的人性。第二层含义是人在自然境界里的升华。

老子悟道

取之自然的包装

　　尊重自然就是尊重生命。儒家认为生命是融会贯通的，人与自然是紧密相连的。虽然云南少数民族的茶文化不像中原地区的茶文化受儒释道思想的影响那么大，但其同样深得自然之性，认为一切源于自然、归于自然，这种自然之道体现在普洱茶的采种、加工、储存、运输、饮用等方方面面。

　　其三是重视礼仪。礼仪的起源可追溯到原始社会，原始巫术仪式是人类最早的礼仪行为，而后在中国数千年的社会发展过程中，礼制也在不断发展。

　　在多姿多彩的云南少数民族礼俗文化中，处处体现着礼仪，各民族的茶礼、茶俗体现着早期的人类文明，为今天研究茶文化提供了宝贵的资料。

普洱茶

2. 对茶艺的影响

茶艺就是泡茶、饮茶的技巧和艺术。识别茶叶，选择茶具，选用合适的水温，品尝、鉴赏茶汤，体味茶色、香、形、味、韵等都在其范围内。要想真正、深入地体会茶艺，就一定要掌握泡茶和饮茶的技巧。此外，饮茶的技巧还包括以茶待客的基本技巧。

普洱茶的冲泡

唯美的茶艺

　　泡茶、饮茶虽然离不开技巧，但是始终高于技巧，已经进入美学的范畴。茶艺属于实用美学、生活美学、休闲美学的领域，因此茶艺绝对不能忽视对美学的追求。环境的美、水质的美、茶叶的美、器具的美等都是茶艺中要兼顾的。而泡茶的艺术之美还要求泡茶者的仪表美和心灵美统一，具体来讲是容貌、知识、风度和内心精神思想的统一。待客之道也应该讲究艺术，讲究心灵的相通，这样的茶艺才能达到艺术的准则和要求。

白族三道茶、纳西族龙虎斗等云南少数民族茶艺在茶叶的识别，茶具、泡茶用水的选择，茶汤的品尝、鉴赏和泡茶及饮茶技巧等方面都有自己的独特之处。各民族的茶艺丰富了普洱茶茶艺的内容，同时它又受到中国茶文化大环境的影响，最终形成了今天的面貌。那么普洱茶茶艺具有什么特征呢？

　　首先，普洱茶茶艺带有质朴自然的特点。它崇尚简洁，讲究心静如水、怡然自得、返璞归真。在返璞归真的质朴中，人与自然的和谐统一是普洱茶茶艺最核心的内容。

白族三道茶

竹筒茶

其次，普洱茶茶艺充满生活的气息和生命的活力。中国茶艺之美表现在自由旷达、毫不造作、不拘一格等方面。普洱茶茶艺没有一套固定的规范要求，因此它灵活、真实、率性而为，充满着浓郁的民族生活气息和旺盛的生命力。云南不同民族文化特色的茶艺各有千秋，百花齐放。

最后，普洱茶茶艺具有实用性。在云南少数民族生活中，人们以喝茶、吃茶、用茶这些方式来表情达意，茶和老百姓的生活息息相关。人们在饮茶、用茶的过程中，除了关注茶的冲泡过程和茶的解渴提神作用外，还把对茶的滋味感觉、心理感受和社交很好地融为一体，将其视为一种极好的享受生活的方式。

3. 对茶礼俗的影响

饮茶的礼仪习俗是在长期社会生活中逐渐形成的，从某种程度上说是社会的政治、经济、文化形态的产物。社会形态的演变对其有重要影响。在不同时代、不同地域、不同民族、不同阶层、不同行业，茶礼俗的特点和内容都不同。茶礼俗是茶文化中不可忽略的一部分，它不仅满足了人们的生理需要，还满足了人们的心理需求。

茶具

以茶敬客

　　以茶敬客是茶礼俗在云南少数民族茶文化中最突出的表现。云南少数民族茶文化礼俗和中原茶文化一样都很注重人际关系，希望大家以茶来和谐共处、平等敬人。现如今，人们生活节奏变快，而云南少数民族这种悠闲的茶文化能使人们紧绷的心弦得以松弛，在自然质朴中坦诚相待。人与人之间和睦有礼，互相奉献，互相尊重，坦诚相对。

远销：茶马古道马铃响

茶马古道是一条连接我国西南地区与南亚、东南亚地区的民间国际古贸易通道。茶马古道上的主要交通运输方式是马帮，主要贸易对象是普洱茶和马匹牲畜，正是因为茶马互市，故而得名茶马古道。茶马古道沿途地势险峻、海拔高，因此它是靠人力和牛马一步步踩出来的。这条传播文明的古道促进了中国西南地区民族经济文化的发展，加强了西藏同其他西南地区、西南地区同中原地区的经济文化交流，促进了各民族的融合，同时方便了南亚、东南亚各国与中国的贸易往来。

茶马古道景区

茶马古道

茶马古道的路线

    茶马古道主要包括川滇古道、滇藏古道、川藏古道、滇缅印古道四个方向的要道,其中每个方向还可以分出若干条路线。茶马古道最早的发现者之一是云南大学中文系教授木霁弘。他经过实地考察,证实了真实存在的七条路线。这七条路线分别是雪域古道、贡茶古道、买马古道、滇缅印古道、滇越古道、滇老东南亚古道、采茶古道。

云南南部的产茶地大理、丽江、迪庆是雪域古道的起始地，经西藏，到达印度、尼泊尔等国。这条古道有两条岔道：一条由云南的德宏、保山，经怒江到西藏，与主道会合；另一条由四川的雅安、巴塘、理塘，经西藏，与主道会合。

　　贡茶古道从云南南部经思茅、大理、丽江，到四川西昌，再到成都，最后进入内地各省及北京。该道也有两条岔路：一是从大理、楚雄到昆明、曲靖，再从胜景关进入贵州，经湖南进入中原地区；另一条是从云南曲靖、昭通进入四川宜宾，经水路或旱路进入中原地区。

西藏地区的茶马古道

买马古道路线

　　买马古道路线由广西进入云南文山，经红河、昆明，再到楚雄、大理。这条古道开拓于大理国时期，主要用来采购马匹。

　　滇缅印古道的起始地在四川西昌，经云南丽江、大理到保山，再由腾冲进入缅甸，最后进入印度，转口到红海沿岸。这条古道有一条岔道，经兰坪、澜沧江，翻碧罗雪山，跨怒江，再翻高黎贡山进入缅甸，再到印度。这条古道是有史书记载的历史最悠久的一条茶马古道。

茶马古道上的客栈

　　滇越古道的起始地是云南昆明，经红河，由河口进入越南。
它促进了云南和越南之间的贸易往来。

　　云南江城是滇老东南亚古道的起始地，经大路边，到老挝勐
乌，最后进入东南亚。

茶马古道

采茶古道使得西双版纳、思茅、临沧、德宏等主要产茶区得以联系在一起，它是各地客商到云南茶区收购茶叶的必经之路。

茶马古道是一条茶文化之路，通过它，普洱茶不但可以到达国内各省区，还远销新加坡、马来西亚、缅甸、泰国、法国、英国、朝鲜、日本等国家，对于普洱茶的传播意义重大，为西南地区的民族文化交流、中外文化交流做出了重要贡献。

苍茫的茶马古道

景区还原马帮图景

茶马古道上的马帮

　　云南属于高原地区，喀斯特地貌随处可见，因此境内道路崎岖，给运输带来了很大困难。在恶劣的自然条件下，出现了马帮这种特殊的运输方式。马帮的运输工具并不只有马，还有牛，它们是云南地区的主要运输力量。普洱茶得以传播，马帮功不可没。马帮的主要工作是从思茅、宁洱等普洱茶集散地将普洱茶运往国内各省区和南亚、东南亚地区，再将各地的马、牛、羊及各种物产运回云南。马帮促进了云南茶区与外地的物质交换，促进了整个普洱茶产业的发展。

景区马帮雕塑

　　清代至民国时期，出入普洱茶区的马帮主要包括前路马帮、后路马帮、藏族马帮。前路马帮的出发地在昆明滇中及滇东南，到宁洱、思茅；后路马帮的出发地在滇西，到达宁洱、思茅；藏族马帮的出发地在丽江、中甸等地，到达宁洱、思茅。以马匹为工具的马帮多为长途运输，通常以五匹马为一把，八把为一小帮，三小帮为一大帮，总计一百二十匹马，结伴而行。一个赶马人负责一个把，一个帮有一个带头人、一个二当家。行进时敲响锣鼓开道，便于相互避让。以牛为工具的马帮主要是进行短途运输，一把是十头牛，一小帮有五把，数个小帮组成一个大帮，结伴而行。

马帮雕塑

马帮

马帮之路是一条充满艰辛、需克服重重困难才能到达目的地的险恶之路。为了生存，为了贸易获利，马帮必须具有顽强的冒险精神。首先，生意上有很大风险。在马帮活跃的时期，商业社会还未成熟，法律也不完善，若是恰逢政局不稳，马帮做的每一笔生意，都冒着极大的风险。其次，茶马古道自然环境异常危险艰苦。风霜雨雪、大山大川、野兽毒虫、瘟疫疾病都是马帮要面临的挑战。最后，经常面临土匪强盗的威胁。当时的西南地区，土匪强盗十分猖獗，尽管马帮准备齐全、经验丰富，但仍不时遭到土匪强盗的袭击。

　　马帮是云南近代普洱茶贸易发展中不可或缺的因素，正是因为有了不畏艰辛的强大的马帮运输力量，普洱茶才得以源源不断地销往各地，才得以进行规模化生产。反过来，在普洱茶的运销贸易中，马帮自身也得到了很大发展。发展壮大的马帮自然又进一步促进了普洱茶贸易的繁荣，如此往复，形成良性循环。

浩荡的马帮

马帮经过村寨

❖ 茶马古道上的背夫 ❖

　　中华人民共和国成立前，川藏线茶马古道上，有一种鲜为人知的职业——背夫。四川雅安等产茶地进入青藏高原的道路被险峻的高山隔断，这里险要的山路甚至连骡马也不能通行。千百年来，由川藏茶马古道进入青藏高原的茶叶都要靠人力背过险峻的山峦，才能到达藏区物资集散地。背夫们在长约1个月的漫漫路程中，要背着几十斤甚至逾百斤重的茶叶，翻越雪山、攀过峭壁。路途艰险、风餐露宿，其艰辛可想而知。背夫们结伴而行、苦中作乐、彼此照顾，一路山歌唱不尽人生的酸甜苦辣。

茶马古道上的背夫

供品：名贵普洱进宫廷

　　早在清朝时期，普洱茶就成为贡品，进贡到宫廷，供皇亲贵族品饮。关于此事，在普洱城流传着这样一个故事。

清代老普洱茶

野生普洱贡茶

　　据说在清朝乾隆年间，普洱城有一家声名远播的茶庄，茶庄的主人姓濮。有一年，这家茶庄又要向朝廷进贡团茶了，恰巧这个时候濮老庄主得了重病，没法完成制作普洱茶的工作，茶庄里的大小事务只能交由少庄主来完成。但是，少庄主对于茶性和制茶工艺的了解有所欠缺，再加上时间仓促，伙计们等不及把茶叶晒干就匆匆地压成了茶饼，包装好后就驮运上路了。几个月以后，茶叶才运到京城，而此时茶叶已经发酵变味了。但意想不到的事发生了，乾隆皇帝觉得，这种发酵了的普洱茶比原来的味道更香醇，他龙颜大悦，重重嘉奖了濮家茶庄，赐予这种普洱茶御封的名字。皇帝传下圣旨，命普洱府每年都要进贡这样的普洱茶。没想到做错了事的少庄主却阴差阳错地给自家茶庄带来了殊荣。这个民间传说虽然没有确凿的历史依据，却也表现出王公贵族对普洱茶的喜爱。

据史料记载，早在雍正时期，普洱茶就已经成为朝廷的贡品了。雍正四年（1726年），鄂尔泰出任云南总督，开始在云南实行"改土归流"的政策，使朝廷对云南的统治权力得到了进一步加强。到了雍正七年（1729年），设置了普洱府治，雍正十三年（1735年）又设立了思茅厅，当时，现在的西双版纳地区也归朝廷管辖。鄂尔泰将官营的茶叶总部设立在思茅，对茶叶销售进行了严格的控制。由于京城的王公贵族都很喜爱品饮普洱茶，朝廷要求当地每年必须进贡6000斤普洱茶。

金瓜贡茶

清代羊皮包的普洱茶

　　这个数量对于小小的普洱城来说可谓是天文数字，当地人很难完成这个任务，当地的官吏也为此忙得焦头烂额。后来当地人发现，西双版纳出产的大叶种茶味道特别浓厚，非常有助于消化，而清朝皇族本是北方游牧民族，这种茶对于他们来说是再合适不过的了。从此，云南西双版纳出产的普洱茶又增添了更多的品种，包括女儿茶、团茶、茶膏等，这些都在宫廷中大受欢迎。

　　清朝宫廷饮用普洱茶越来越流行，这种风气逐渐影响了民间，一时间品饮普洱茶蔚然成风。

大叶种茶

普洱茶进贡给清廷之后，成了大清皇朝生活中的必需品。云南每年按时按量将普洱茶进贡后，贡茶就存放在故宫的"茶库"里。清宫的文献记载，"茶库，设员外郎二员，六品司库二员，无品级司库二员，库使十五名"，他们专门负责收藏管理这些普洱茶贡品。

清代亿兆丰号陈年老普洱茶饼

清代普洱茶茶饼

清朝宫廷收藏着数量众多的普洱茶，直到中华人民共和国成立时，仍旧大量堆放在故宫的仓库里。据邓时海先生的著述，20世纪60年代初期，故宫中的普洱茶、女儿茶和茶膏还有很多。1963年，故宫清出两吨多的普洱茶贡品。邓时海说，这些用作贡品的普洱团茶，大小不一，大的如西瓜般大小，小的如同网球、乒乓球大小，其品质依然完好如初。20世纪60年代初，这些贡品茶叶被当成一般的茶叶，掺进其他的散茶中出售，这实在是暴殄天物。一部分流入民间的宫廷普洱茶，在近些年的拍卖会上，往往能够拍出天价。

老普洱茶膏

　　远在天边的云南普洱茶，得以进入清宫，又广受好评，离不开其自身优秀的品性。明末学者方以智曾说："普洱茶蒸之成团"，"最能化物"。另外，清代学者赵学敏所著《本草纲目拾遗》中记载了普洱茶"味苦性刻，解油腻牛羊毒"，"苦涩，逐痰下气，刮肠通泄"，"消食化痰，清胃生津，功力尤大也"。

国礼：赠送使节美名扬

普洱茶从云南进贡到宫廷后，除了供皇室成员饮用外，还经常被朝廷赠送给来华的外国使节。

据相关资料可知，乾隆年间，朝廷与外国使团进行外交活动时，经常用普洱茶来招待他们。1793 年，英国特使总督马戛尔尼带领了觐见团以给乾隆皇帝祝寿为名来到中国，他们献上钟表等礼物贺寿，并请求清廷开放沿海口岸，以便进行商务贸易活动，另外也请求清廷降低关税，并设立租界，以保证英国公使的进驻。乾隆接见了英国使团，虽然婉言谢绝了英国的请求，但是在热河行宫里，也就是现在的承德避暑山庄宴请了他们，并回赠了许多礼物，其中就有云南的普洱茶、女儿茶以及普洱茶膏。

同庆号普洱茶

诗歌：品读茶诗身心愉

  品饮普洱茶对身心皆宜，饮茶者在感受茶叶的香醇甘美与享受其保健功效时，精神上也可以获得极大的满足。因此喝普洱茶的时候，可以用琴棋书画和诗词歌赋助兴，营造一种氛围，更有益于饮茶者感受茶道之乐。

  普洱茶与诗歌可以巧妙地融合在一起，它们互相影响，相得益彰，展现出无限的神韵。因为有茶马古道和马帮，重重大山包围着的普洱茶才能被世人所知，当人们再次走近崎岖的茶马古道，重拾记忆的时候，可以通过品读古今的普洱茶诗，去感受普洱茶的千古风韵。

  宋代王禹偁有一首诗非常能体现普洱茶的精神：

香于九畹芳兰气，圆如三秋皓月轮。

爱惜不尝唯恐尽，除将供养白头亲。

普洱茶

普洱茶礼盒

清代宁洱教谕杨溥曾写过一首名为《茶庵鸟道》的七言律诗：

崎岖道仄鸟难飞，得得寻芳上翠微。

一径寒云连石栈，半天清磐隔松扉。

螺盘侧髻峰岚合，羊入回肠展迹稀。

扫壁题诗投笔去，马蹄催处送斜晖。

另有清代宁洱贡生舒熙盛写的一首七律，展现了茶庵鸟道的独特风情。诗云：

崎岖鸟道锁雄边，一路青云直上天。

木叶轻风猿穴外，藤花细雨马蹄前。

山坡晓度荒村月，石栈春含野墅烟。

指顾中原从此去，莺声催送祖生鞭。

清代宁洱县知县单乾元写过一首描绘茶庵鸟道的五言律诗：

茅堂连石栈，清磐半天闻。

一径悬如线，两峰寒如云。

晚霜维马力，秋月少鸿群。

剩有雄心在，高吟对夕曛。

普洱茶汤色

　　清代舒熙盛的《普中春日竹枝词十首》之四也淋漓尽致地表现了普洱茶的情致：

　　鹦鹉檐前屡唤茶，春酒堂中笑语哗。

　　共说年来风物好，街头早卖白棠花。

四仙畅饮图

普洱茶树

　　清朝许延勋所著《普茶吟》，将普洱茶生长的自然环境以及制作销售的情形真实地展现出来，它贴近茶农的情感，情味悠长，以下为节选内容：

　　山川有灵气盘郁，不钟于人即于物。

　　……

　　一摘嫩蕊含白毛，再摘细芽抽绿发。

　　三摘青黄杂揉登，便知粳稻参糖核。

　　筠蓝乱叠碧燥燥，楹炭微烘香馩馩。

　　夷人恃此御饥寒，贾客谁教半干没。

　　……

　　区区茗饮何足奇，费尽人工非仓卒。

　　我量不禁三碗多，醉时每带姜盐吃。

　　休休两腋自生风，何用团来三百月。

而民国时期周学曾的《茶山春夏秋冬》四首诗，则突出表现了茶山的优美、闲适。

茶山春日

本是生春第一枝，临春更好借题词。

雨花风竹有声画，云树江天无字诗。

大块文章供藻采，满山草木动神思。

描情写景挥毫就，正是香飘茶苑时。

茶山夏日

几阵薰风度夕阳，桃花落尽藕花芳。

画游茶苑神俱爽，夜宿茅屋梦亦凉。

讨蚤戏成千里檄，驱蝇焚起一炉香。

花前日影迟迟步，山野敲诗不用忙。

雨中的普洱茶树

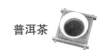

茶山秋日

玉宇澄清小苑幽，琴书闲写一山秋。

迎风芦苇清声送，疏雨梧桐雅趣流。

水净往来诗画舫，山青驰骋紫黄骝。

逍遥兴尽归来晚，醉初黄花酒一瓯。

茶山冬日

几度朔风草阁寒，雪花飞出玉栏杆。

天开皎洁琉璃界，地展萧疏图画观。

岭上梅花香绕白，江午枫叶醉流丹。

赏心乐事归何处，红树青山夕照残。

普洱茶

筛茶的筛子

世界高端文化珍藏图鉴大系

饮食：茶食养生显功效

普洱茶菜肴

　　普洱茶除了可以冲泡，还可以作为食材。下面介绍几种常见的茶食。

　　茶香卤九孔螺，来自台湾。准备6个肉厚的九孔螺，50克普洱茶，卤水适量，辣油、香油少许。将九孔螺洗净，普洱茶放到清水中煮沸，然后将九孔螺放到茶汤里煮上两分钟，使九孔螺充分吸收普洱茶的色和香味，再将其浸泡到卤水里，最后用辣油及香油搅拌均匀，就可以食用了。

　　普洱茶还可以炖猪手。具体做法是冲泡普洱茶，将猪手放在茶汤里浸泡，去除油腻，然后锅里放入茶汤置于火上，放入猪手，加上香料和调味品用文火进行炖焖，将猪手炖至软烂。此时普洱的茶香早已渗入猪手中，风味独特。用来炖猪手的普洱茶，必须是上好的普洱陈茶，才能没有异味，并极大地提升菜肴的品质。

茶叶在菜肴中的应用

茶香猪手

102

普洱茶

　　用普洱茶熏鸽子肉也是不错的选择。将锅置于火上，放一些普洱茶叶，少量红糖，小火干焙，此时茶叶会冒烟，用这种烟熏烤出来的鸽子肉，色泽金黄，吃起来鸽子肉中满是茶叶和焦糖的香味，令人回味无穷，同时还对肠胃有好处。

　　喜欢吃排骨的朋友，可以将洗干净的排骨，放到普洱茶汤里面，放好调味料，长时间小火慢煲慢炖，味道也是非常不错的。将普洱茶与排骨一同炖煮，既可消除排骨多余的油脂，又使排骨染上茶汤红艳的色泽，吃起来软嫩鲜美，唇齿留香。

茶香排骨

普洱奶茶

古往今来，普洱茶得到世人的赞誉，不仅因其口感醇厚、风味独特，而且它可以养生保健。牛奶也是人们生活中必不可少的营养饮品，将普洱茶和牛奶相结合，爽滑的牛奶配上香醇的普洱茶，美味极了。

具体做法是先烧一壶开水，然后泡一壶普洱茶，冲泡的时候记得洗茶，然后再冲入牛奶喝。这样不但不会破坏牛奶的营养成分，而且还能使普洱茶和牛奶的味道更加香醇。这种方法简单易行，大家都可以尝试。

普洱奶茶

　　普洱茶和牛奶都具有减肥养生的功效，身体肥胖的人可以尝试。另外普洱奶茶还可以养胃、护胃，黏稠、甘滑、醇厚的普洱奶茶进入身体后，会附着于胃的表层，犹如给胃加了一层保护膜，因此特别适合肠胃功能不好的人饮用。

冲泡普洱茶

普洱奶茶

普洱茶点

　　另外，普洱茶还可以制作丰富多彩的茶点，既好吃，又有趣。

　　准备一些普洱茶，冲泡过后，取茶汤来和面，由于普洱茶的茶汤颜色栗红明亮，所以做出来的糕点色泽特别好，让人很有食欲。还可以将茶叶捻成碎末，掺在面粉里，用这样的面做出的普洱茶点，也很有特色。下面我们介绍几种具体的普洱茶点。

　　有一种创新的茶点叫黄金普洱饼，用玉米、红薯等为原料制作黄金饼，在揉粉的时候，加入普洱茶汤，饼中带有茶香，令人赞不绝口。另外，还有人做糯米饼的时候加入普洱茶，做出来的糕点就没那么粘牙了，口感软滑、唇齿留香。

普洱茶点

用茶叶来和面

茶粽子

　　另外，普洱茶还可以做沙拉，具体做法是将碾细的茶粉撒在果盘沙拉里，吃起来非常爽口。

　　除此之外，将普洱茶的茶汁与面粉结合在一起，还可以包出普洱茶风味的水饺，也可以利用普洱茶制作各具特色的茶面条、茶粽子、茶饼干、茶月饼等，普洱茶爱好者可以尽情地创新发挥。

　　用普洱茶做茶点，口感爽滑、茶香浓郁，还能助消化、温胃、降血脂，可谓好处多多。

茶俗：华夏各族不同俗

傣族的三味茶

云南西双版纳的勐海县是最负盛名的普洱茶产地，傣族人就生活在这环境优美、气候适宜的地方。茶在傣族人的生活中占有十分重要的地位，傣族最著名的要数三味茶，分别是竹筒茶、花茶和柠檬茶。

西双版纳地处热带、亚热带气候区，到处竹海林立，因此傣族人就利用竹子制成了竹筒茶。竹筒茶是傣族人的居家茶，主要用来待客。竹筒茶的制作方法是：先将茶叶鲜叶杀青，揉出茶汁，再将茶装入嫩甜的竹筒内，放到火塘上慢慢烘烤，等茶烤干后，剖开竹筒取出茶，解块后再用开水冲泡。这样制成的竹筒香茶既有茶叶的醇厚茶香，又有浓郁的嫩竹清香，十分沁人心脾。

竹筒茶

竹筒茶

茉莉熟沱

竹筒茶除了待客外，还可以带在身边饮用。当地傣族男性外出劳作时，常常带着制好的竹筒香茶。累了休息时，可以砍上一节竹子，上部削尖，灌入泉水在火上烧开，然后放入竹筒香茶，再煮一会儿，待竹筒稍凉后就可以饮用了，既能解渴，又能解乏。

花茶也是傣族人常饮用的一种茶，是用桂花、茉莉花、玫瑰花等熏制而成的。傣族人喝花茶是有讲究的，通常老人喝桂花茶，中年人喜欢喝茉莉花茶，恋爱中的男女常饮用玫瑰花茶。其中桂花茶又可细分为不同等级，质量最上乘的是金桂，只有年纪大的人才能喝；排在第二位的是银桂，上了一定岁数的人都能喝；接下来是丹桂，只要结了婚就可以喝。已婚妇女喝茉莉花茶，玫瑰花茶则只有年轻人喝，年轻人刚谈恋爱时一定要喝玫瑰花茶。

傣族人还很喜欢喝柠檬茶。柠檬茶都是选用上等好茶制成的，柠檬是新鲜的柠檬。茶汤倒入品茗杯后，再加入新鲜的柠檬汁，凭个人口感加适量糖，这样就制成了酸甜可口的柠檬茶。

普洱茶

白族的三道茶

　　白族用三道茶来招待宾客，三道茶的"一苦二甜三回味"，可以让人产生许多感悟。

　　三道茶的第一道是"清苦之茶"，制作时先烧开一壶水，然后司茶者取一个小砂罐置于火塘上烘烤至热，再将大理散沱茶放入小砂罐中，不停地转动砂罐，均匀地炙烤茶叶，等到罐内茶叶发出声响，叶色转黄并发出焦糖香时，立刻注入开水，稍泡一会儿后，将茶水倒入茶杯。一道茶经烘烤、煮沸而成，色如琥珀，焦香扑鼻，但较为苦涩，因此只斟一小杯。这道茶寓意人们欲立业先吃苦。

白族三道茶

白族三道茶

第二道茶为"甜茶"，客人喝完第一道茶后，主人会重新用小砂罐置茶、烤茶、煮茶。这次的茶叶是清淡的感通茶，并放入大理特产的红糖、核桃、桂皮等配料，将茶汤煮沸，这次是倒入小茶碗中。二道茶甜而不腻，寓意苦尽甘来，是告诉人们勤劳工作总会有回报。

第三道茶为"回味茶"。方法仍旧和前两道相同，只不过茶叶换成了大理特产苍山雪绿，茶杯中要放入蜂蜜、炒米花、核桃仁粒、花椒末、辣椒末、姜丝等。茶煮沸后倒入茶杯中。饮第三道茶时需要晃动茶杯，这样茶汤和配料才能混合在一起，然后趁热喝下。这道茶甜、麻、苦、辣，滋味杂陈，令人回味无穷。

世界高端文化珍藏图鉴大系

擂茶用材

土家族的擂茶

晋代隐士陶渊明的《桃花源记》为世人讲述了一个令人羡慕的世外桃源，而相传桃花源的所在地即今天的武陵山区。它位于川、黔、湘、鄂四省交界之处，是著名的产茶之地。当地的土家族人喜欢饮用擂茶。

擂茶，又名三生汤，说起这个名字来源于当地流传的一个故事。相传三国时期，张飞曾带兵进攻武陵壶头山，当时天气炎热，瘟疫蔓延，当他们走到乌头村时，士兵们筋疲力竭，染病者众多。幸运的是，那个村庄有一位大夫因感念张飞所率部乃仁义之师，特献祖传除瘟秘方——擂茶。士兵们饮用之后，果然身体好了很多，张飞感激不尽，称遇神医为"三生有幸"。因此擂茶又名三生汤。

擂茶

在喜庆的日子，土家族人招待亲友总少不了擂茶，此茶五味俱全，制作方法简单，因此很受欢迎。生茶叶、生姜、生米是擂茶的主要原料，随后根据个人口味调配。调配好之后，按比例倒入陶制或山楂木制成的擂钵中，用力来回捣，直至三种原料捣成糊状为止，然后取出，放入沸水锅中煮，如此便制成了擂茶。

这道茶不但味道特别，还具有药用效果：生茶叶能提神降脂、清火明目；生姜能理脾解表、祛湿发汗；生米能健脾润肺、和胃止火。因此，擂茶有清热解毒、通经理肺的功效。武陵山区高寒且气候湿润，致使生活在当地的人体内湿气较重，夏季来临，暑热难耐，饮擂茶能消暑除湿，是当地人生活中必不可少的饮品。

随着人们生活水平的提高，擂茶的选料越来越多样，制作也越来越精细。如将芝麻、花生等材料擂碎，加入擂茶中也越来越普遍。

擂茶

拉祜族的烤茶

拉祜族是生活在云南的少数民族中的一个，他们酷爱喝茶。

拉祜族人喜欢烤茶，一般用陶罐或其他工具把茶叶烤香，再注入开水，称为"吃烤茶"。烤茶是拉祜族人敬客时必不可少的，有时当地人会自饮第一道茶水，让客人喝第二道味道稍淡的茶水。

烤茶

烤茶茶具

　　拉祜族人用土罐把普洱茶烤得焦香扑鼻,味道很特别,爱喝酽茶的茶客一般比较喜欢。目前,在一些城市也有能喝到正宗烤茶的茶艺馆。

藏族的酥油茶

　　藏族人民早在一千多年前就有饮茶的习惯了，无论是牧民还是农民，都十分喜欢饮茶，而藏族僧侣饮茶更多，量也更大。藏族人对茶极为喜爱和重视，这是因为藏民的饮食主要是牛羊肉、糌粑、酥油等，缺少蔬菜，而茶既能分解多余的脂肪，又能防止燥热，正好和藏区饮食形成互补，所以藏族人离不开茶。

藏族的酥油茶

酥油茶

　　藏族人喜欢喝酥油茶，它是家家户户必不可少的饮品。做酥油茶最好使用普洱紧压茶，先将茶煮好，然后倒出茶汤，在茶汤中加入酥油，再倒进一个细长的木桶里用搅拌棒使劲搅拌，浓香的酥油茶就做好了。

藏族同胞用酥油茶招待客人时是有讲究的。客人落座后，主人便会拿一只木碗或茶杯放到客人面前，然后提起酥油茶壶，摇晃几下，给客人倒上一整碗酥油茶。此时，客人要注意，不要立刻去喝茶，可以先聊聊天。等主人再次提起酥油茶壶站到客人跟前时，客人便可以端起碗来，先将浮在茶上的油花吹开，然后喝上一口，还要称赞一番。客人把碗放回桌上，主人再给添满。就这样，边喝边添，不能一下子喝完。如果客人喝不下了，主人添满茶后，就摆着不要再动了。客人准备告辞时，可以连着多喝几口，但还是不要喝完。这样，才符合藏族的习惯。

藏族的酥油茶

03

第三章

群英荟萃

——普洱茶名品

优雅醇和

金瓜贡茶

　　金瓜贡茶又被称为团茶、人头贡茶，是普洱茶中极具代表性的一种紧压茶。因其形似南瓜，经过岁月的沉淀后，茶芽变得色泽金黄而得名金瓜，又因金瓜茶早年用来进贡宫廷，故名金瓜贡茶。金瓜贡茶历史源远流长，价格昂贵，是普洱茶中的天之骄子。现在真正的金瓜贡茶仅存世两坨，分别被杭州的中国农业科学院茶叶研究所与北京的故宫博物院收藏。港澳人士将金瓜贡茶称为"普洱茶太上皇"，对其赞赏有加。据有幸品鉴过金瓜贡茶的专家介绍，金瓜贡茶符合普洱茶无味之味的最高标准。

　　现今市场上的金瓜贡茶是各大茶厂精选云南大叶种茶，采用古代金瓜贡茶的生产工艺仿制的，可以说是传统工艺与现代工艺的结合，质量也很好，深受普洱茶爱好者的喜爱。

金瓜贡茶

福元昌号圆茶

　　福元昌号圆茶是一种相当古老的普洱茶，产于光绪年间，已经有100多年的历史，被誉为"普洱茶王"。福元昌号是元昌号在易武开设的茶厂，专采用有别于倚邦小叶种茶的易武山大叶种普洱茶叶，制作精选茶品，在国内和海外都有销售。光绪末年，地方治安越来越差，再加上疾病肆虐，致使茶厂停业。1921年左右茶厂复业，重新生产普洱圆茶，直至20世纪40年代，每年产茶500担左右。

福元昌号圆茶

福元昌号蓝内飞圆茶

　　光绪年间产的福元昌号圆茶，到今天已经很难见到了。福元昌号圆茶的包装十分讲究，观其外表，即知内里是普洱上品。包装的竹箬上，原本是写有字的，但因年代久远，已无法辨认。每筒均有票一张，规格约为 11 厘米，正方形，橘红底色，蓝色图字，四周以云纹图案装饰，内写"本号在易武山大街开张福元昌……以图为记庶不致误余福生白"，共 88 个字。余福生就是元昌号和福元昌号茶庄的主人。另外，每饼还有一张内飞，规格是 5 厘米 ×7.5 厘米，也有图案装饰，中间写有文字。颜色分蓝、紫、白三种，字迹为朱红色。有蓝紫两色内飞的茶品性阳刚；有白色内飞的茶品性阴柔。

普洱茶膏

普洱茶中还有一个很著名的品种，就是普洱茶膏。早在唐宋时期，普洱茶膏就已经出现了。到了清朝，普洱茶膏的制作进入了黄金时期，还被当作贡品献入皇宫，成为达官显贵的饮品。普洱茶膏的原料是云南普洱地区所产的乔木大叶种茶，其制作方法有两种。其一为民间制法，这种制法很简单，但并不科学，有健康隐患，具体来说就是采用大锅熬制的方法。先将茶叶及茶末放入大铁锅中充分煎熬，反复七次，之后再对熬出的茶汤过滤、浓缩，直至成为黏稠的膏体，然后再定型、储藏。其二为宫廷制法，科学合理、精益求精，但由于步骤复杂，现在能够掌握茶膏制作工艺的人非常少，因此现在普通人很少能接触到真正的普洱茶膏。宫廷制法主要采用压榨制膏法，要经过 186 道工序、72 天的周期才能制作完成。

普洱茶膏

普洱茶膏

普洱茶膏

普洱茶膏的外形是膏状的，颜色黑焦似炭。入水即化，冲泡后汤色浓艳，呈宝石红或玫瑰红。香气高扬，有红糖、蜜枣香。口感润滑厚重，滋味柔顺。此外，普洱茶膏还有药用价值，能解酒护肝、消食解腻、养护肠胃。普洱茶膏十分珍贵，价格也非常昂贵。

同庆号圆茶

与福元昌号普洱茶非凡的气势相比，同庆号圆茶显得优雅、内敛、柔和，因此被誉为"普洱茶皇后"。现如今存世的百年同庆号完整筒茶可能只剩不到八筒了。同庆号圆茶的内票和内飞分为两种。1920年以前是"龙马商标"，之后则是"双狮旗图"。其中1920年以前的茶品被称为"同庆号老圆茶"，价值不菲。

同庆号老圆茶采用上等的竹箬包装，表面是浅金黄色，用纯天然的竹篾和竹皮捆绑。其茶筒顶上面片，用金红色朱砂写着"阳春"两字，右边的一行是"易武正山"，左边的一行是"阳春嫩尖"，中间用醒目的大字写着"同庆字号"。每筒的两个茶饼间都隔着一张"龙马商标"的内票，为白底红字。正中为白马、云龙、宝塔图案，图上方写着"云南同庆号"的字样，下方署"本庄向在云南久历百年字号所制普洱督办易武正山阳春细嫩白尖叶色金黄而厚水味红浓而芬香出自天然今加内票以明真伪同庆老号启"字样。该茶品茶汤颜色为深栗，较为通透，有兰香，口感细柔滑顺。

同庆号圆茶

同庆号圆茶的外包装

1920 年之后的同庆号圆茶，即内票、内飞为"双狮旗图"，每饼带有一个规格为 4.5 厘米 ×7 厘米的模式内飞，白底朱红图字，饼面较宽大，直径约 21 厘米，饼身薄，约 320 克。汤色栗黄，带有野樟茶香，被视为普洱茶中的极品。

同昌黄文兴茶

同昌黄文兴茶又名同昌圆茶，是同昌号茶庄 19 世纪 30 年代生产的茶品，该茶味道香醇，广受好评。

清同治七年（1868 年），同昌号茶庄创立，清末民初停产歇业。20 世纪 20 年代，茶商朱官宝在易武大街重新创立同昌号茶庄，继续生产易武正山普洱茶。1931 年左右，商人黄文兴接手茶庄，初期出售的茶品仍为同昌号，但内飞落款改为"主人黄文兴谨白"。

同昌黄文兴茶

同昌黄文兴茶

同昌黄文兴茶采用倚邦茶山小叶种乔木茶树的叶子制成，成品直径20厘米，重320克，饼面留有凹痕，这是制作方式导致的。内飞规格为5厘米×6厘米，底为白色，字为蓝色。其茶条索扁长粗毫，颜色栗黄，富有光泽。冲泡后茶汤栗红，茶香中带着青叶香，味道略涩微甜，陈韵十足，口感细腻润滑，叶底呈深栗色。

同昌黄记圆茶

约 1949 年，黄锦堂接手同昌号茶庄，之后发行的茶品叫同昌黄记圆茶，茶号也改成了"同昌黄记"。茶品有两种，分别是同昌黄记红圆茶和同昌黄记蓝圆茶，采用的原料都是倚邦茶山的小叶种乔木茶。

同昌黄记圆茶

同昌黄记红圆茶直径为 19.5 厘米，重350 克，饼身非常紧实，犹如铁饼一般。内飞长 5.3 厘米，宽 6.1 厘米，白底红字，落款为"主人黄锦堂谨识"。这种茶，条索较短，为栗红色，油光不是很明显。冲泡后汤色偏红，味道清香，有一丝甘甜，陈韵十足，水性柔顺，叶底呈土栗色。

同昌黄记蓝圆茶直径为 20 厘米，重335 克，饼身外观和同昌黄文兴圆茶差不多，饼面凹痕较深。内飞规格与同昌黄记红圆茶一样，只是为白底蓝字，落款为"同昌黄记主人谨白"。其茶条索较细，叶面干瘦，呈深栗色。冲泡后茶汤栗红，味道微甜，带有陈韵，水性圆厚顺滑，茶气强烈。

同昌黄记圆茶

1926 年同昌黄记圆茶

同兴号圆茶

　　同兴号圆茶分早期和后期两种。同兴茶庄是一个历史悠久的茶庄，其主要特点是专门精制高级普洱茶。早在 1732 年，同兴号茶庄就已创立，原名同顺祥号，亦称中信行，在易武镇建立了茶厂。无论早期还是后期，同兴圆茶的内飞都有"本号为易武倚邦曼松顶上白尖嫩芽"的字样，告诉世人此茶是采用倚邦茶山曼松顶上茶园的白尖嫩芽制成的。1921 年前后，同兴号茶庄年产茶量 500 担，在当时可以说是实力雄厚。该茶既清香又厚重，留存至今的生茶经过百年的陈放发酵，拥有无与伦比的通透色感与柔滑细腻的口感，已经到了"化"的境界，价值相当高。

同兴号圆茶

蓝票宋聘圆茶

🫖 宋聘圆茶

　　光绪六年（1880年），宋聘号茶庄创立，后来与乾利贞号合并为乾利贞宋聘号。宋聘号的茶厂设在云南易武，在当时具有举足轻重的地位。如今制作的宋聘普洱茶仍深受普洱茶爱好者青睐。

红票宋聘圆茶

　　宋聘号普洱茶与其他普洱茶的不同之处是在选取原料上很下功夫，只选用古六大茶山的茶青，并以春茶为主，严格掌控茶的制作过程，去粗取精。宋聘号生产的茶有两种：一种是宋聘圆茶，其消费对象是普通百姓；一种是"宋聘极品"茶，主要消费对象是达官显贵。这两种茶的茶青大都选自易武正山大叶种乔木茶叶，所制之茶条索细长紧实，汤色清澈明亮，汤质柔稠，带有野樟香，口感细润，叶底栗红。宋聘圆茶的内飞为白底蓝字，印有"宋聘号普茶政府立案商标"字样加包装图案，外包装上写有商号名字，或红色或蓝色。一般茶饼直径为21厘米，重量在320~340克，内飞为正方形，边长4厘米。

　　由于宋聘圆茶深受世人欢迎，因此假货泛滥，很多商家竞相在其自制的圆茶上贴仿印的"乾利贞宋聘号"内飞、内票，借此混淆真假。泰国仿造的宋聘圆茶跟真品很像，但是其以白报纸包茶饼，我们可以通过这个特征进行分辨。

七子饼茶

　　七子饼茶，又称圆茶，是云南省西双版纳傣族自治州勐海县勐海茶厂生产的一种传统名茶。中国自古将七视为吉利数字，用七子来象征多子多福，因此七子饼茶有吉祥之意，常被人们作为礼品相赠。七子饼茶的市场主要在港澳地区以及东南亚一带，因外形似圆月，象征团圆，而七子又代表多子多孙多福气，因此深受华侨喜爱，故而又被称为侨销圆茶或侨销七子饼茶。此茶一筒七饼，每饼净重357克，直径和简身高均约21厘米。计划经济时期至20世纪90年代末期，国营勐海茶厂所生产的饼茶一直是市场上的主流茶品，原料以三至六级为主，生茶、渥堆熟茶都有生产。

七子饼茶

七子的规制是从清代开始的，《大清会典事例》载："雍正十三年（1735年）提准，云南商贩茶，系每七圆为一筒，重四十九两（合今3.6市斤，1.8千克），征税银一分，每百斤给一引，应以茶三十二筒为一引，每引收税银三钱二分。于十三年为始，颁给茶引三千。"七圆为一筒是清政府为了规范计量，规范生产和运输所制定的一个标准，但当时并没有七子饼茶的叫法。

中华人民共和国成立后，云南茶叶公司所属各茶厂用中茶公司的商标生产"中茶牌"圆茶。后来云南茶叶进出口公司希望找到一个更有号召力且有利于宣传的名称，于是"七子饼茶"这个吉祥的名称便应运而生。从此，中茶牌淡出市场，圆茶的称谓也不再使用，而七子饼茶成了紧压茶的霸主。

七子饼茶

敬昌圆茶

　　敬昌号茶庄是一家非常有名的私人茶庄，始创于清朝光绪年间，其旧址在云南省江城县。敬昌圆茶就是敬昌号茶庄生产的一种著名的普洱茶。敬昌圆茶的原料是曼撒茶山上最优质的大叶种茶，制成的茶饼匀称丰满，虽然边缘厚薄不一但十分圆顺，在众多普洱茶饼中，其外形美观是数一数二的。每个茶饼直径为 21 厘米，重 340 克，用老竹箬片包装，头盖面片竹箬上以紫色颜料印有"云南普洱正山贡茶，精工揉造，字号元茶上印"，在面片竹箬正中以毛笔黑墨写着"敬昌茶庄"四字，字体是楷体。敬昌圆茶的内票规格为 13.5 厘米 ×15 厘米，以一张版画作图案，白底绿画，名为"采茶图"，画面上有三个少女、两株乔木茶树，真实地再现了清代的茶山景象。版画下面有一行从右至左的楷书"敬昌茶庄号"。内飞规格为 4.5 厘米 ×6 厘米，有椭圆形图案。敬昌圆茶制作精良，其茶饼的压制技术、筒包技术、竹箬篾条材料、储存陈放方法等都是最上乘的。

敬昌号圆茶

大票敬昌号圆茶

敬昌圆茶色泽褐绿，冲泡后香气清高，并带有野樟香，汤色呈栗色，味道微甜，陈韵润喉，回甘强烈。现存的敬昌圆茶多是 20 世纪 40 年代的产品，珍藏于少数普洱茶收藏家手中，价值不菲。

福禄贡茶

　　凤山茶山位于云南省中西部，凤山的凹鞍处正好是著名的凤庆县。1939 年，顺宁茶厂在此地创立，后来改名为凤庆茶厂。福禄贡茶的原材料是凤山出口的茶青，品质上乘。福禄贡茶是圆饼茶，饼身比较厚重，疏松易剥。内飞为横式长方形，白底绿字。每筒有一张立式长方形的内票，白底红字，规格为 9 厘米 ×13 厘米，上有英文的茶厂地址。外筒用完整的竹箬包装，以竹心篾条绑扎，精致美观。茶筒顶部的竹箬上印着"选庄福禄贡茶鸿利公司督制"的字样，以紫色油墨印制，字体为正楷，工整美观。

福禄贡茶

福禄贡茶为油润的深栗色，冲泡后茶汤透红，香气浓重，叶底有野樟香，味道淳厚浓酽，略带苦味，却十分细滑，体现出高山茶叶的优美。福禄贡茶深受品茗老手喜爱，价值不菲。

福禄贡茶

04

第四章

滋味隽永

——普洱茶冲泡

冲泡普洱茶的要点

　　冲泡普洱茶时，一定不要忽视投放的茶叶量，过多和过少都会有损茶味。一般来说，茶叶分量最多占壶身容量的20%。

普洱茶

普洱茶冲泡

通常来说，5克优质普洱茶可以连续冲泡15次。浸泡时间的长短要掌握好，这样才能将茶叶中的可溶物质适度地浸出，冲泡出高品质的茶汤。如果要浸泡紧压茶，最好在饮用前的一到两周就先将其拿出来，通通风、透透气，恢复一下茶性，以达到醒茶的目的。然后将茶叶放在陶罐或紫砂罐内，再次进行发酵，这样普洱茶的原味才能最大程度地体现出来。

一些紧压茶，比如砖茶、饼茶和沱茶的味道比较冲，冲泡的时间不要太长，否则茶汤的浓度会过高，味道就会带有刺激性，破坏品茶的韵味，除非品茶者特别青睐浓茶。由于普洱茶较浓，所以适宜用大腹的茶壶来冲泡，这样可以消除茶汤过浓难以下咽的弊端。总之，泡茶的时间和茶水的浓度，应该根据茶叶陈放时间长短和茶性之强弱来进行调整。

壶泡紧压普洱茶

普洱茶的冲泡

品饮普洱茶之前要先闻香。闻香时要趁热将茶杯放到鼻前，静下心来感受普洱的陈味芳香。接下来用心细品普洱，啜饮入口，感受茶汤穿透牙缝、沁渗齿龈，满口芳香，令人心旷神怡，这才算得其真韵。而且普洱茶带给人的享受久久不会散去，此为饮普洱之最佳感受——回韵。

冲泡普洱茶时要观其汤色，红褐色时为佳，再久就会变黑，会影响观赏性。另外，冲泡好的普洱茶即使冷却了，还是会保持茶叶的风味，夏天饮此凉茶可以止渴消暑。

普洱茶冲泡

《普洱茶冲泡误区》

　　冲泡普洱茶的水要煮沸，这样茶的香气和滋味才会更饱满。但水不可反复烧开，因为水反复烧开会析出大量盐类，这些盐类会悬浮在水中，形成白色的浮渣。烧水过程中水不断蒸发，每烧开一次，盐类的浓度就增加一些。这些不溶解的盐类本身味道就不好，而且有些还会与茶叶成分发生反应，影响口感。有些微量金属元素，比如铜、铁，也会出现在反复烧开的水中，它们与茶叶中的茶多酚发生化学反应，破坏其香味。而且，反复烧开的水含有亚硝酸盐，进入人体后会生成致癌的亚硝酸胺。

冲泡普洱茶的准备工作

　　要想更好地冲泡饮用普洱茶，相应的准备工作必不可少。首先冲泡普洱茶对于水是有要求的，以矿泉水或纯净水为宜。当然如果有条件用天然的山泉水冲泡是最好的。泡普洱茶最好用100℃的滚水，这样才能让普洱茶的醇厚真正释放出来。在冲泡的时候，还需要掌握适宜的投茶量，主要根据饮用人数的多少来定。一般来说，如果饮用的人数不多，投放8~10克的茶就可以了。如果饮用的人多，可以将投放量增加到15~20克。如果饮用的是沱茶、砖茶、饼茶等紧压茶，还需要使用工具在上面轻轻撬取一部分下来，注意不要把茶品弄碎，否则会影响整个茶品的品质和收藏。

用工具撬取普洱茶

醒茶

　　泡茶时，将取下来的普洱茶放入茶壶里，注入开水，进行醒茶。这是为了去除杂质，对茶叶进行清洁。因为茶叶在存放过程中，容易沾染灰尘杂质。尤其像普洱茶，因为年代会比较久远，沾染的杂质更多，甚至还有一些有害的微生物。醒茶后，把茶水倒掉。

　　冲泡普洱茶时，对茶具也是有讲究的，土制的陶瓷茶具是较好的选择，可用一些形体比较大的茶壶，能将普洱茶的粗犷和古朴的神韵体现得淋漓尽致。

陶瓷茶具

紫砂壶

现在很多人选用宜兴紫砂壶茶具冲泡普洱茶，因为紫砂壶具有良好的透气性和保温性，可以提升普洱茶的品性。饮用普洱茶的时候，可以选择陶瓷盖碗杯，这种盖碗杯样式典雅古朴，灵巧精致，使用起来也很方便，和普洱茶的神韵非常契合。另外一些偏大一点的玻璃杯，也可以用来冲泡普洱茶，而且我们还能欣赏到茶汤的颜色。晶莹剔透的茶杯和清亮的汤色令人赏心悦目，可以营造出一种明快、安逸的氛围。

紫砂茶具

一般来说，普洱熟茶的汤色如同琥珀玛瑙，给人通透温润之感，味道隽永醇厚，令人回味无穷。而普洱生茶，汤色更鲜亮澄澈，如同蜜汁，表面如同油膜包裹一般。普洱茶即使经过多次冲泡，颜色和味道仍不会改变。

　　刚入门的普洱茶爱好者可以选用玻璃杯或盖碗进行饮用。若想要进一步感受普洱茶的质朴古韵，土陶瓷壶或紫砂壶是不错的选择。

如同蜜汁般的茶汤

玻璃茶具

冲泡普洱茶的步骤

　　第一步是备具。将要使用的茶具及普洱茶摆放好，可以先向客人展示茶具，这个过程叫作"孔雀开屏"。冲泡普洱茶可以用紫砂壶，也可以用陶瓷盖碗。为了便于让大家欣赏汤色，可用透明小玻璃杯饮茶。公道杯可选用紫砂材质的，因为它可以去除异味，完美地展现普洱茶的真香真味。

准备茶具

温壶涤具

第二步是温壶涤具。将开水注入茶具中,一方面可以提升茶壶茶杯的温度,更好地体现普洱茶的茶性品质;另一方面可以起到洗涤清洁和消毒杀菌的作用。

第三步是置茶。这个步骤在茶艺中叫"普洱入宫",即在壶中放入普洱茶,或是用茶匙将茶置于盖碗里。

置茶

第四步是润茶。其实就是涤茶，在茶艺上被称作"游龙戏水"。具体做法是把沸水冲到壶中，然后很快地倒出，起到醒茶的作用。注意此步骤要使用沸水，成 45° 角，以较大的流量冲入茶壶中。要采用定点冲泡的方式，高温的水流要将茶壶中的普洱茶冲得翻滚旋转起来才行。

第五步是淋壶。这个步骤可以增加壶的温度，同时用紫砂壶冲泡的茶水淋公道杯，使公道杯的温度提升。

第六步是"祥龙行雨"。这就到了泡茶的步骤，一定要用沸水冲入茶壶中。第一泡为 10 秒钟，第二泡为 6 秒钟，第三泡为 8 秒钟，以后每次增加 2 秒钟，普洱茶可以冲泡许多次。

普洱茶的冲泡

第七步是出汤。又称出汤入壶，将茶壶中冲泡的普洱茶汤倒入公道杯中。

第八步是沥茶。即把茶壶中的剩余茶汤全部滤入公道杯中，通常采用凤凰三点头的方式来滤尽茶汤。

沥茶

分茶

　　第九步是分茶。茶艺中也叫作"普降甘霖"，就是把公道杯中的茶汤分别倒入小茶碗里。要保证每个小碗中的茶量一样，色泽一致，倒至七分满为佳。

　　第十步是奉茶敬客。将小茶碗用竹夹送至客人面前，最好不要用手端茶碗奉茶。

以上我们介绍的是茶艺中普洱茶的冲泡步骤，如果是在家里，人们可能会有一定程度的简化。要想熟练掌握普洱茶冲泡技巧，体现普洱茶的独特神韵是需要时间的。平时，茶友们可多加训练，不要急于求成。

普洱茶冲泡

有些人觉得，普洱茶最适合闷泡法和煮茶法。所谓的闷泡法，就是每次倒出茶水时不要倒完，要留一部分汤底，我们也称其为留根，基本上是倒出 60%，留存 40%。这种闷泡法可以极大程度地保持熟茶的口感和韵味，也可以促进普洱茶味道的浸出，使之更加醇厚香浓。普洱熟茶很适合使用闷泡法，这种方法可以使普洱茶厚、健、醇、和的品质得到更大程度的发挥。

对于普洱茶来说，煮茶法也是比较常见的一种方法，尤其适合砖茶。煮茶壶最好使用陶制的，因为陶土的颗粒粗糙，颗粒间缝隙较大，透气性好，有利于汤质的改善与呈现。其中效果最好的是紫砂壶，因紫砂泥含铁量高，土质烧成后又呈鳞片状结构，制成的煮茶壶可以使普洱茶的茶香得到更好的持续和延伸。在少数民族地区，人们更喜欢煮茶，这种方式充满了古老岁月的韵味。

普洱茶

泡好茶需熟悉茶性

　　众所周知，云南普洱茶的种类很多，既有散茶，又有紧压茶；既有新茶，又有老茶；既有生茶，又有熟茶。种类繁多，制作方法不同，茶性也不一样，那么在冲泡的时候，就不能完全死板地套用一种方法。我们应当熟悉各品类普洱茶的本性，掌握适宜的冲泡方法，这样才能最大限度地展现普洱茶的魅力。普洱茶的不同茶性受多种因素的影响，不同的水质对茶性的发挥也有重要影响。

普洱熟沱

投适当量的茶

　　首先是投茶量多少的问题，因不同地域的人口味不同，投茶量要因地制宜。一般来说，浙江、江苏一带的人口味较清淡，而云南、福建、广东、广西和港台地区的人喜欢喝酽茶。因此泡茶时应根据不同地区的人的口味适当增减投茶量，或者加快和减缓冲泡的节奏，以调整茶汤的浓度和口味。另外，不同类别的茶冲泡出来的浓度也有差异，像熟茶和陈茶，在冲泡时可以多加一些量，但生茶和新茶则应将投茶量适当减少。

掌握合适的水温

下面我们来说泡茶的水温，高低不同的水温对茶性的发挥有着重要的影响。通常来说，高温可以使茶叶的香气得到有效散发，而且高温还能更大程度地促进茶叶有效成分的浸出。但是，如果掌握得不恰当，同样会将茶叶中的苦涩味浸出来，影响茶的口感。所以，在冲泡普洱茶的时候，要学会掌握不同的水温。

普洱茶适合用沸水冲泡，对于一些紧压茶，比如常见的饼茶和砖茶、沱茶等，还有一些陈年的老茶，更适合用沸水冲泡。但是对于一些品质比较嫩的普洱茶，如芽茶青饼等类别的高档茶品，就应当用温度稍低的水冲泡，否则会影响茶叶的品性。

普洱茶砖

　　此外，因为地理环境的差异，如高山和平原，大气压强不一样，泡茶的温度不那么容易掌握。海拔高的地区，水的沸点比平原低，冲泡的水温，要凭泡茶者的经验来确定。

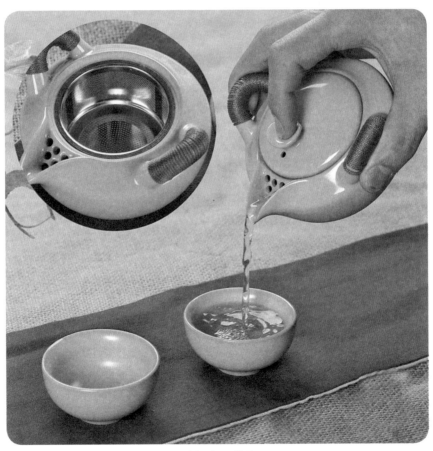

选择合适茶具

　　由于水的温度会影响茶汤的品质，因此人们常用多种方法加以调控。比如在壶的选取方面，人们常采用续温能力较强、形体较大的茶壶。这种茶壶壶壁较厚，茶壶腹部空间大，壶盖和壶口小，保温效果好，能冲泡出高质量的茶。一些经验丰富的普洱爱好者建议，冲泡陈年的普洱老茶时，茶壶盖尽量不要打开；对于一些苦涩味和酸味较轻的普洱茶，可以在第二泡倒出后，再在壶中留水，打开壶盖，放上半分钟到一分钟，然后盖上盖子；对于一些苦涩味或酸味较重的普洱茶，可以将壶盖打开，等到蒸汽消失，手指摸壶身，如果可以忍受五秒钟，就可以再将壶盖盖上去。每次冲泡的间隔时间要进行适当调控，这样才能将普洱茶的品性全面发挥出来。

紫砂壶

茶汤

　　在冲泡普洱茶的时候，应该在第二泡时就冲出香味来，第三泡要冲上沸水。茶叶在壶中浸泡的时候，可以拿出一个白瓷汤匙，从壶里舀出茶汤，观察汤色的变化。如果汤色浓重了，就可以出水冲泡了，注意在出汤的时候要轻摇壶身。这些细节性问题，不应忽略。

　　还有一个问题是很多冲泡普洱茶的新手所关心的，即茶叶什么时候就不能再冲泡了呢？首先，要看一下所冲泡的是陈年老茶还是新茶。一般来说，陈年老茶溶解速度快，冲泡6~7次就差不多了，而新茶泡的次数可以更多一些。

陈年普洱的最后一泡茶也是有讲究的。当感觉茶水变淡时，别急着倒掉茶渣，可以用沸水粗水低冲，然后放一放，至少放半小时以上，让茶汤在壶中降到约为室温时再倒出，也依然能够泡出可口的茶味来。有经验的茶友认为，陈年普洱的最后一泡最好喝，并称其为"精华茶汤"。

普洱茶茶汤

普洱茶茶汤

◆ 晕茶是怎么回事? ◆

晕茶,就是我们常说的醉茶,致醉物质是茶叶中的咖啡因和氟化物。咖啡因有兴奋中枢神经的作用,人体摄入过量就有可能出现晕茶现象。具体症状有失眠、头痛、恶心、站立不稳、手足颤抖等。究其原因可能是:(1)有些人体质特殊,本身对茶叶比较敏感;(2)茶汤泡得太浓了,或是饮用的量太大了;(3)空腹饮茶。

普洱茶的饮用方式

清饮

　　茶是世界三大无酒精饮料之一，它集传统与时尚于一身，自然清新的特质吸引了世界各地人们的关注。普洱茶是中国茶的重要组成部分，饮茶中的文化自然是人们不可忽略的。在冲泡普洱茶的时候，既要表现出茶文化的典雅，更要体现出普洱茶所蕴含的人文精神。

清饮普洱

清饮普洱

中国人比较喜欢清饮普洱茶。所谓清饮，就是冲泡普洱茶时，不加入任何调味品，只注重于感受普洱茶本身的色、香、味。有人在谈到普洱茶的时候，曾经这样说："以茶待客，以茶会友，以茶作礼，在普洱茶的品饮中已经达到了完美的境界。"招待客人时，奉上一杯普洱茶，可以让客人感受到主人的热情，增进双方的感情；疲劳时，喝杯普洱茶，润喉生津，舒筋解乏；心烦时，品杯普洱茶，口鼻生香，静心清神；饭后，饮杯普洱茶，消食去腻。

茶道

　　清饮普洱茶时，应该细呷慢咽，用心去品，这样才能更好地感受到茶的色香味。另外，最好能掌握一些茶艺。茶艺讲究氛围和格调，清新素雅的音乐和温馨的氛围可以使人、茶和周围环境更加和谐，更能让品茶者获得美好的体验。资深的普洱茶爱好者还可以将茶和人生哲理结合起来，人茶合一，这便是茶道。普洱茶与其他茶品一样，也能休现出一种道，这是人道、茶道、宇宙之道。

饮用普洱茶并不仅是为了解渴，也是享受的过程，应注重品饮。品饮普洱茶要做到"目品其形，鼻品其香，口品其味"。可以先将杯子拿起来，细细观赏汤色；然后将鼻子靠近杯沿，闻一闻茶香，注意由浅到深、由轻到重地吸闻；再喝一小口，先将茶汤含在口中，慢慢品咂，轻轻回味，舌头最先感到的是微苦，然后慢慢回转甘甜，渐渐变得口感鲜爽起来；最后咽下，细细体会茶汤入喉时的顺滑清爽之感。真正的普洱好茶，品质优异，在舌根回甘，使口内生津。口齿回味有些苦醇，但是口内持久留香，使人神清气爽、回味无穷。

汤色红亮

清饮普洱

现代人生活节奏快，若能在闲暇时泡一壶老普洱茶，让醇厚的茶水滋润心灵，定会由衷地感受到生活的美好。

调饮

可能有些人第一次喝普洱茶的时候会有些不习惯，尤其是一些喝惯了铁观音、花茶的茶友，会感觉普洱茶比较平淡。那么，可以尝试一下调饮普洱茶，不同的人可以按照自己的喜好和习惯来调饮。

例如，可以在茶汤里加些蜂蜜，这样普洱茶的味道会更加香醇、甘甜。在西藏和新疆等地，一些牧民在品饮普洱茶时，喜欢加上奶和糖来调味。这是因为当地气候寒冷，这样的茶有助于人们抵御严寒，同时增加茶的香甜。

调入蜂蜜的普洱茶

有些女性喜欢在普洱茶的茶汤里加一些玫瑰花、茉莉花、贡菊、桂花、金银花等干花，这不但能提升普洱茶的香气，还能消除普洱茶陈化过程中产生的异味，而且这些干花还可美容养颜。

调饮普洱茶

干橘皮

    还有人在茶汤里添加陈皮或者干橘皮，这样茶汤会变得更苦一些，但具有化痰、顺气、止咳的功效。

    还有一些普洱茶的饮用方法，是近年来新兴的，比较适合年轻人。如在茶汤里添加水果，再放在冰箱里，冰镇后清爽消暑。

普洱小沱茶

下面我们介绍几种常见的调饮普洱茶。

1. 冰镇普洱茶

（1）简介

普洱茶冰镇变冷后风味十足，而且制作方法十分简单。

普洱茶具有良好的解渴、防暑、提神作用，冰镇后效果更为显著，而且口感清凉醇和。

（2）材料

熟普洱茶3克。

（3）步骤

①泡好一壶普洱茶，没有壶也可以用洗净的大可乐瓶来装。

②将普洱茶放入冰箱的冷藏室。

③随饮随取。

冰镇普洱茶

2. 蜂蜜普洱茶

（1）简介

蜂蜜和普洱茶都具有丰富的营养和清肠排毒诸多功效，可以说是绝配。尤其是熟普洱茶，其茶性温和，能养胃、护胃，抵消蜂蜜对寒性肠胃的刺激，长期饮用蜂蜜普洱茶还能预防感冒。需要注意的是，沸水会破坏蜂蜜的营养，所以冲泡时，先冲泡普洱茶，然后稍放一放，再加入蜂蜜，这样才能既美味又营养。

（2）材料

熟普洱茶 3 克，蜂蜜适量。

蜂蜜普洱茶

（3）步骤

①将熟普洱茶放入壶中，倒入沸水冲泡。

②将茶汤过滤到公道杯中，再倒入茶杯。

③茶汤冷却一会儿后，调入适量蜂蜜。

蜂蜜

3.菊花普洱茶

（1）简介

菊花清热解毒，普洱茶茶性温和，两者同时饮用，能调和茶性，还能清脂去油、清理肠胃，想要减肥瘦身的朋友可以尝试一下。

（2）材料

熟普洱茶3克，干菊花2.5克。

菊花

（3）步骤

①将熟普洱茶和干菊花同时放入壶中，冲入开水，快速倒掉。

②再次冲入开水，盖上壶盖，闷泡 2 分钟。

③ 2 分钟后掀开壶盖，将茶汤过滤到公道杯中，再倒入品茗杯中。

干菊花

菊花普洱茶

4. 普洱奶茶

（1）简介

普洱茶的回甘往往会给饮用者留下较深的印象，茶入喉后，口中留有阵阵甘甜。而牛奶具有浓郁的奶香，两者结合，让唇齿之间回味无穷，意犹未尽。

（2）材料

熟普洱茶 3 克，牛奶、白糖适量。

普洱奶茶

（3）步骤

①将普洱茶放入茶壶中，冲入少量开水，快速倒出，然后再次冲入开水。

②闷泡2分钟后，打开茶壶，将茶水倒入杯中。

③在茶水中加入适量的牛奶和白糖，调匀后即可饮用。

普洱奶茶

5. 柠檬普洱茶

（1）简介

柠檬与普洱茶一样，具有生津祛暑、健胃消食等功效，两者相配，效果更为显著，最适宜在餐后饮用，有助消化。

（2）材料

熟普洱茶 3 克，柠檬 1 个，白糖适量。

普洱茶

（3）步骤

①将普洱茶放入茶壶中，冲入少量开水，快速倒出，再次冲入开水。

②静置2分钟后，将茶汤过滤到公道杯中，再倒入茶杯。

③将柠檬切成四瓣，取一瓣将汁液挤到普洱茶内，再加入适量白糖即可。

柠檬

普洱茶

6. 玫瑰普洱茶

（1）简介

玫瑰与普洱茶搭配，在普洱的陈香中又带有玫瑰的芬芳，使人获得既香醇又飘逸的口感，在养生的同时，更增几分休闲温馨气息。

（2）材料

熟普洱茶 3 克，玫瑰花茶 3 克。

玫瑰普洱茶

（3）步骤

①将普洱茶放入茶壶中，冲入开水洗茶。

②倒出茶水，然后再将玫瑰花茶放入茶壶里，再冲入开水。

③待玫瑰香起，即可倒入杯中饮用。

玫瑰普洱茶

05

第五章

精挑细选

——品评选购

普洱茶的品评要点

品评香气

我们一般用闻杯法来品评茶香。将闻香杯放在鼻子底下闻，很快就能感受到茶中不同的香气。质量上乘的普洱茶香气主要有四种，分别是荷香、兰香、樟香和枣香。

茶汤

荷叶熟沱

1. 荷香

荷香是指与荷叶的清香类似的一种香味。一般云南大叶种茶叶的芽茶，在经过陈化后发酵，芽茶上的青草香慢慢消失后，就会出现淡淡的荷香。以晒青芽茶为原料制作的散茶多有荷香。

早期红印圆茶

2. 兰香

兰香是普洱茶中一种相当独特的香气，是荷香和樟香的结合体。一般用三级、四级、五级茶青制作的普洱茶就会带有兰香，如同庆老号圆茶、早期红印圆茶和一些大字绿印普洱茶。兰香闻起来沁人心脾，令人心旷神怡。

3.樟香

樟香就是樟树香。云南普洱地区气候温暖湿润，树林茂密，樟树林随处可见。这些樟树大多较为古老，高大茂盛。有很多茶树就生长在樟树底下，时间久了，茶叶就会吸收樟树的香气，茶芽和茶叶中就含有了樟香。根据普洱茶樟香气味的不同，我们可将其分为青樟香、野樟香和淡樟香。茶芽及四级以下的茶青所生产的普洱茶带有青樟香，如 20 世纪 50 年代大理下关生产的铁饼圆茶。野樟香多存在于在樟树林中采摘的老茶青所制作的普洱茶中，香气非常浓，如鼎兴号圆茶、同庆号圆茶、宋聘号圆茶以及倚邦出产的普洱茶。淡樟香是经过陈化后的樟香，青樟香和野樟香在经过陈化后都会变成淡樟香。

龙马同庆圆茶

普洱茶

4. 枣香

有些茶树与枣树生长在一起，茶叶就会慢慢吸收枣叶及枣树的味道，从而形成独特的枣香，而用这些茶树的茶青制作的茶叶就会带有枣香。

品评味道

普洱茶的味道包括甜味、苦味、涩味、酸味、水味、无味等，名贵的普洱必须具备甜味和无味，而所有普洱茶都具备苦味和涩味，带有酸味和水味的是品质差的。

1. 无味

普洱茶界普遍认为普洱茶味道的最佳境界是无味。无味是指普洱茶经过陈化后没有明显的味道，味淡汤浓。无味之茶在普洱茶中是最受推崇的。

普洱茶

2. 甜味

　　质量好的普洱生茶都带有一些甜味，这一点深受广大普洱茶爱好者喜爱。普洱生茶在陈化过程中，其苦味和涩味会越来越弱，有些陈化十年以上的普洱茶甚至都不太能尝出苦味和涩味，但茶中的甜味不会消失。上等普洱茶一般冲泡次数越多，就越能感觉到其中的甜味。

普洱茶

普洱茶

3. 苦味

茶叶都会带有苦味，因为茶叶含有咖啡因。略带苦味的茶汤可以唤起回甘的喉韵，这是品鉴普洱茶优劣的重要标准。由茶芽和较嫩茶青制成的普洱茶都具有苦味。

4. 涩味

俗话说"不苦不涩不是茶"，因此涩味也是茶中不可或缺的味道之一。但是茶的涩味可以通过陈化来减弱，甚至完全消失，茶叶醇厚的口感则会慢慢增加。我们可以通过普洱茶的涩味来判断其陈化期的长短。

普洱茶茶汤

5. 酸味和水味

如果普洱茶制作不良或没有按要求保存的话就可能会产生酸味，而水味则是普洱茶在鲜叶萎凋和摊晾过程中处理不当产生的。如果在品鉴普洱茶时喝出酸味、水味的话，就说明这是劣质的普洱茶，就不要购买了。

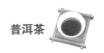

品评水性

在品鉴普洱茶时，我们常听到"水性"这个名词。水性是指普洱茶的茶汤饮入口腔所引起的各种口感，除了味道外，其他感受都算作水性。普洱茶的水性可以分为七种，分别是滑、化、活、砂、厚、薄、利，其中质量好的普洱茶水性具有滑、化、活、砂、厚的特点，而薄和利则是次等普洱茶的水性特点。

普洱茶茶汤

1. 滑

滑是指茶汤入口顺滑，茶性柔和。普洱熟茶和陈化过的普洱茶一般都具有滑的特点，并且滑的程度随着陈化时间的增长而增强，因此滑也是普洱茶陈化时间长短的一个判断标准。

2. 化

化是指入口即化，陈年普洱茶都具有这个特点。一般来说，普洱生茶经过陈化后，所表现出来的化要比熟茶更高雅，不过生茶需要经过特别漫长的时期才能达到化的境界。一般来说，要想具备化的口感，生茶需要 60 年以上，熟茶需要 30 年以上。

普洱茶茶汤

普洱熟茶

3.活

活也是鉴定普洱茶优劣的标准之一。活是指茶汤入口后给人一种活泼的感觉。活泼的水性会让人充满活力，能充分展示普洱茶的不同茶韵。一般干仓普洱茶的茶汤活性要优于湿仓普洱茶及普洱熟茶。

普洱茶茶汤

4. 砂

　　只有普洱熟茶才具有砂这种水性特点。品饮质量上乘的普洱熟茶的茶汤时，口中会有一种喝了一碗红豆汤似的那种浓浓的砂滑感。这种砂滑感的强弱也是由普洱茶的贮藏时间决定的，普洱茶陈化时间越久，砂滑感越明显。

5. 厚

厚是指普洱茶的醇厚口感，它与茶汤的浓淡不直接相关。普洱茶陈化后，茶汤中出现的浑厚口感就是醇厚感。优质普洱茶都具备醇厚感，陈化越久，品质越高，醇厚感越重。

6. 薄和利

次等普洱茶往往带有薄和利的口感。茶汤喝到口中时缺少厚重感，汤质轻而淡，这就是水性薄。而因为水性太薄，口中会有一种触及利刃的感觉，这便是水性利。一般由灌木新树茶青制成的普洱茶和一些品质较低的普洱茶，茶汤水性多半薄而利。

普洱茶

品评喉韵

茶汤流过喉咙时给人的感觉就是喉韵。在品鉴普洱茶、特别是陈茶及高级茶时，喉韵是不能忽略的重要品鉴标准之一。喉韵主要表现为甘、润、燥三个方面。

1. 甘

甘是指回甘，这种感觉跟甜味很相像。在品鉴普洱茶的过程中，这种感受很重要。普洱茶先苦后甘的特点使得很多普洱茶爱好者将其与人生经历联系起来，发出"人生如茶"的感叹。随着普洱茶的不断冲泡，甘味会越来越明显。质量上乘的普洱茶冲泡十次以后依然会有明显的回甘。

普洱茶

普洱茶

2. 润

润是指润喉感。普洱茶的润是指饮用普洱茶之后，人们会有润滑喉头、滋润口腔、消除饥渴的感受。其实，普洱茶的润就是它的生津感，生津能力越强，口感越润，茶叶品质就越好。

3. 燥

燥是指在喝完普洱茶后喉间会有一种干而燥之感。燥感可能是很多原因造成的，如茶青较次，制作不当，茶叶变质等。有燥感的普洱茶不是好茶。

普洱茶的选购原则

近些年来，普洱茶越来越流行，大大小小的普洱茶庄不断出现，这些茶庄的普洱茶质量参差不齐，甚至有些茶庄以次充好，不了解普洱茶的消费者很容易上当。那么，如何选购普洱茶？下面我们介绍几条基本的选购原则。

普洱茶

普洱茶饼

看外观

不管是散茶还是紧压茶，外部包装都应该干净整洁，茶叶条索清晰，形状完整，无水渍、虫蛀，无异味。如果发现茶饼或茶砖上有白斑或者不均匀的霉斑、黄色菌斑，商家可能会说这是多年仓储造成的，但这种茶品情况比较复杂，建议没有经验的消费者不要购买。

尝内在

　　不管挑选哪种茶，最好都要亲自尝一尝，并且货比三家，多尝几种。不要过于相信商家告知的"年份"，而要相信自己的口感和眼力。同时要多喝少买，不断提高自己的品鉴能力。

普洱茶叶底

《质量上乘的普洱茶应该具备的特点》

（1）生茶茶叶无异味，能闻出清香。

（2）生茶茶汤清澈明亮；熟茶茶汤呈琥珀色、玛瑙色等。

（3）生茶味甘甜；熟茶味醇厚、陈香。

（4）冲泡后的叶底嫩匀、完整。生茶叶底为嫩黄色，熟茶为红褐色。

普洱茶茶汤

学会看懂普洱茶包装

普洱茶属于后发酵茶，因为其特殊的制茶工艺及时间越久越香醇的品质特点，使得很难以某个时间点界定其成品时间，所以起初，普洱茶的包装上是不标明生产日期的。但随着普洱茶越来越受欢迎，普洱茶市场变得鱼龙混杂、良莠不齐。为了规范市场，2007年，普洱市在增订的《普洱茶加工技术规程》中，明确规定普洱茶包装上应标注产品名称、生产企业名称、地址、原料产地、质量等级、净含量、产品标准代码、卫生许可证、QS标志、生产日期、保存期等内容。其中对"保存期"做了特别说明："满足本标准的包装储存条件，普洱茶适宜长期保存。"

牛皮纸包装的普洱沱茶

云海同庆号

同时，由于不同时期生产的普洱茶所用的包装是不一样的，所以不同的包装纸代表了不同时期所生产的普洱茶。

牛皮纸

1973 年，国营下关、勐海茶厂开始用牛皮纸来包装外销茶。

牛皮纸包装的普洱茶砖

205

七子饼茶

网格纸

1987—1992 年，网格纸出现，这种纸是手工制作的，纸张有明显的网格点状。勐海茶厂的部分茶饼就是用这类纸张包装的。

机器薄纸

1995 年机器薄纸大量出现，其主要特征为纸浆纤维短细、均匀而无规则。国营的七子饼茶使用过这种纸。

厚绵纸

早期厚绵纸包装的代表是 8582，手工制作、单面油光、条纹不明显、有厚薄之分。

手工薄绵纸

比网格纸出现得晚，特征是厚薄差异小，比网格纸薄，容易损坏。

薄油纸

这种纸张为亮面油纸，有黄色的，有白色的，专门用来包装砖茶。从 1973 年的厚砖开始，至 1994 年昆明茶厂最后一批7581 为止。

内飞

压在茶叶中的厂方或定制者标志，可作为辨识依据。

普洱茶内飞

唛号

唛号

　　唛号又名"茶号"或"卖号"，是一种商品标记。云南省茶叶公司为了规范普洱茶，于 1976 年开始使用茶叶唛号。饼茶的唛号有 4 位数，第一、第二位是该茶的生产年份，第三位是茶叶的等级，第四位是茶厂的编号（昆明 1、勐海 2、下关 3、普洱 4）。如 7542，说明此茶是 1975 年生产的，茶叶等级为 4，产自勐海茶厂。散茶为 5 位数，第三、第四位为茶的等级，如 75671。

选购普洱茶应注意的问题

　　选购普洱茶的时候，普洱茶的生产厂家、年份、茶产地、形状等都是消费者可以依据的重要参数，这些参数是鉴别和收藏普洱茶的基础。要选购好的普洱茶，必须对普洱茶及其特质具备一定的鉴赏水平。

普洱茶砖

目前消费者在选购普洱茶的时候常遇到以下几种问题，下面我们来简单介绍一下。

与其他茶类混淆

有些消费者对普洱茶的概念很模糊，将其与黑茶、红茶等混淆。其实黑茶和普洱茶还是有较大区别的。从原料上来说，黑茶是以小叶种茶树的粗老鲜叶为原料制成的初制毛茶；而普洱茶是以云南特有的大叶种晒青毛茶为原料制成的再加工茶。黑茶主要制成紧压茶，供边销；而普洱茶包括普洱团茶、普洱沱茶、普洱饼茶、普洱茶膏、普洱砖茶五类，不仅供边销，还供内销、外销。另外，两者的制作工艺也不同。

安化黑茶

1998 年勐海老普洱散茶

常见误区

　　有些人买普洱茶时，过分看重年份而忽略了品质。虽然普洱茶具有越陈越香、越老越值钱的特点，但我们还要甄别其年份是否真实，就算年份是真实的，还要考虑保存条件。还有些人认为只要叶型大就是普洱茶，这也是错误的认识。还有的人仅凭茶的汤色深浅来判断，但是茶汤的颜色很容易作假，还会受冲泡时间长短、投茶量大小的影响，因此也是不准确的。有人认为香气浓就是好普洱，但是有的茶香味是添加的，例如添加樟香等。包装也可将消费者带入误区，不要认为包装精致、华丽就一定是名贵产品。有的人听说云南某山产的茶叶最有名，就一味购买某一山头的茶，殊不知即便同一个山头、同一厂家制作的茶叶也很难完全一样，普洱茶最大的特点就是千变万化。

文革砖

以粗老细嫩区分优劣

普洱茶通常分为五级十等，从第
一等到第十等是从最细嫩到最粗老。
实际上，对于普洱茶而言，这个等级
只是区分茶叶的老嫩级次而已，细嫩
与粗老并不能直接说明茶叶品质的优
劣。不同老嫩级别的普洱茶叶，所泡
出的茶汤各有千秋，会给品饮者带来
不同的感受，适用于不同的人群。另外，
普洱茶树的种类很多，茶区大环境也
很复杂，茶香千变万化，故不能以粗
老细嫩作为判断茶叶好坏的标准。

普洱砖茶

生熟不分、口感莫辨

　　由于普洱茶有生熟之分，所以人们对普洱茶的认知有些模糊。有的认为普洱茶味强烈，有的认为普洱茶味温和。这些说法虽是矛盾的，却都是对的，因为他们喝的是生、熟不同的普洱茶。陈化时期不同的普洱茶，茶味也有较大区别。这些不同的普洱茶带给人的感受是不同的，我们需正确了解识别，科学品饮。

普洱茶

213

普洱茶汤色

◈ 选购普洱茶的六不原则 ◈

第一，不以添加味道为标准。有些商家会在发霉的茶中添加香料，因此闻起来有刺鼻香味的普洱茶一定是劣质茶。

第二，不以霉气仓别为号召。仓别是干仓和湿仓的区别，是决定普洱茶好坏最重要的环节。

第三，不以错误年份为标杆。普洱茶的年份只能作为参考，不能尽信。

第四，不以伪造的包装为依据。随着科技的进步，许多不法商贩伪造包装的技术越来越高明，因此也不能一味地看包装，还要看其和市场行情是否相符。

第五，不以树龄叶种为考量。现今许多人以为大叶的就是野生的，然而实际上浪多大叶种也是人工培育出来的。

第六，不以深浅汤色为借口。真正的好茶即使年代久远，颜色也不可能变黑。

普洱茶

06

第六章

百年普洱

——收藏储存

普洱茶的包装演变

　　普洱茶被誉为"可入口的古董"，若想更顺利地收藏普洱茶，就需要对普洱茶有更多的了解。不同历史时期的普洱茶包装不同，对此了解清楚后，对于收藏者入手适宜的藏品是很有帮助的。

　　普洱茶的包装主要经历了五个时期，下面我们一一进行介绍。

普洱茶包装

福元昌号内飞   同庆号大票

号字茶时期

清末民初的一段时期，是普洱茶包装的号字茶时期。这段时期市场上主要是私人作坊和私人茶庄生产的茶叶，如同庆号、福元昌号、车顺号等。那时候他们制作的普洱茶包装纸商标、票号都是采用古老的雕版印刷（木板印刷）。即先把文字和图案写和画在薄而透明的白纸上，字面朝下贴到木板上，用刀把文字和图案刻出来，然后再在刻成的版上涂以水性油墨，把纸张盖在版上，用刷子轻轻且均匀地揩拭即成。因而纸张往往很薄，易破损，且有不规则的纹路。另外这一时期的普洱茶包装印刷一般都是单面印刷，亦称"一枚印"。

印字茶时期

　　20 世纪 30 年代后期是普洱茶的印字茶时期，即中茶公司成立后的时期。这一时期生产的普洱茶的包装多用绿印或红印，有了少量的艺术色彩。这一时期印刷技术有所提高，已开始小规模地采用平压印刷机，实施单色机器印刷。普洱茶的外包装用纸，除了继续沿用传统手工土制绵纸以外，还出现了一些机械抄纸，即机制纸。机械抄纸适于大量生产，厚度较为一致。

　　印字茶时期，普洱茶的包装设计元素主要是以"八中茶"字为核心，向外辐射出制茶厂家名称，由此构成印字茶茶品的设计理念。具体来说就是茶品外包绵纸中央是一个美术体的"茶"字。"茶"字周围由八个扁体隶书的"中"字围绕。外围上方是用繁体宋体字从右至左书写的"中国茶业公司云南省公司"，下方亦从右至左书写。

甲级蓝印圆茶

红印圆茶

中茶牌铁饼八八六三繁体字圆茶

七子饼茶时期

七子饼茶时期是指 20 世纪六七十年代。这时处于十年动乱时期，成茶包装多具有历史烙印，普洱茶的包装设计很混乱、无风格，商标无头绪，印刷我行我素，因此，人们称这一时期为普洱茶包装文化的战国时期。因为包装混乱，有数量庞大的茶品令人难以辨别。

老茶砖

改革开放时期

这一时期主要是指 20 世纪 80—90 年代。普洱茶的印刷及包装设计变得更加精致，印刷技术采用了压凸印刷、浮雕感印刷，打造出了压凸烫金套印的代表性茶品，如中国土产畜产进出口公司云南省茶叶分公司生产的"普洱方茶"等。

改革开放时期，普洱茶的外包装除了沿用之前的包装纸外，某些外销茶品在外包装纸外还加了硬纸盒包装，这种包装在当时很受欢迎。

现代茶时期

　　这一时期，普洱茶的设计、印刷及包装，都融入了更多的时代特征、企业文化和现代艺术元素，印刷技术也有了飞跃性的进步，能够借助现代先进的彩色印刷机实施彩色印刷。同时现代人还把环保意识加入普洱茶的包装中，这更能体现出茶的本真。

普洱茶礼盒

普洱茶

普洱茶的收藏价值

普洱茶本身就具有收藏价值

我国茶属分类专家、中山大学张宏达教授表示，普洱茶本身就有收藏价值。北京故宫博物院收藏的清朝的普洱贡茶，现在已成为国家级文物。近些年来，普洱茶在收藏界越来越受欢迎，很多收藏家将普洱茶视同古玩字画一样来收藏。越来越多的人加入普洱饼茶的收藏队伍，这种风气在港澳台地区尤为流行。广东的普洱茶收藏量在全国首屈一指。

红票绿大树

中茶牌圆茶

之所以越来越多的人收藏普洱饼茶，是因为其升值潜力巨大。质量上乘的普洱茶，每 500 克能以 10%~20% 的年增长率升值。如20 世纪 80 年代云南西双版纳某厂出品的 7542 号常规茶，当时一个饼茶连 10 元都不到，现在已经价值 2000 多元了。鲁迅先生珍藏过的 3 克普洱茶膏在广州拍卖会上拍到了 1.2 万元的高价，这 3克普洱茶膏除了具有收藏价值外，还有非凡的文化价值。

1993 年下关茶厂正品云南七子青饼

　　普洱茶本身的收藏价值来自其原料良好、品质优良和数量稀少的特性，如产于六大茶山等地的乔木古树茶原料，产量有限。此外，与其他茶类相比，普洱茶具有独特的人文地理特征和历史文化背景，这在一定程度上增加了其内在的文化价值。

本身质量和市场需求决定收藏价值

普洱茶能不能增值是其收藏价值的决定性因素，而普洱茶增值与否主要受茶品品质和市场需求的影响。

首先，原料品质。收藏普洱茶首先必然选真正质量好的茶品。普洱茶的原料是云南大叶种晒青毛茶，如果收藏的普洱茶中混有以烘青、炒青为原料的普洱茶，那么无论收藏多少年也是没有意义的，它是不会增值的。普洱茶原料的产地、厂家不同，茶叶的价值也不同。名山、名厂制作的传统手工古树普洱茶或名人收藏的普洱茶升值空间是相当大的，这主要是由其人文背景决定的。

下关茶厂出产的沱茶

其次，供求关系。普洱茶能不能从现在的热点地区，即香港、台湾、广东、云南进一步走向全国及国外市场，这是决定普洱茶能不能增值的关键因素。从原料供求关系上说，普洱茶的生产原料云南大叶种茶只产在云南，而一定时期内云南大叶种茶的产量不可能大幅提升，特别是珍贵的乔木古树茶，由于需求增加，只能是越采摘越稀少，因此其原料价值会越来越高。在市场需求上，如果普洱茶在北京、上海等地乃至全国越来越流行，那么投资收藏普洱茶必定会有大的回报。

云南大叶种茶

大叶种茶

下关七子饼茶

　　最后，存放条件和时间也是不能忽略的。只有合理的存放和管理，再加上岁月的积淀，才能成就真正优质的普洱茶。几十年的陈化时间本身就具备珍贵的历史和纪念价值，因此普洱老茶与新茶的价格差异是很大的。

普洱茶的礼品价值

现如今，人们逢年过节送礼的时候都很喜欢送茶叶，其中普洱茶是一个非常好的选择。中国是礼仪之邦，几千年来，礼已成为中国人人性的一部分。在日常生活中，以礼相待是人与人之间相处最基本的法则。茶是中国最传统的饮品，长期以来，茶与中国文化融合发展，形成了内涵丰富的茶文化。在社交、婚嫁、祭祀等多种场合，茶都是不可或缺的。以茶会友、以茶送友是中国人的一种传统，是一件乐事、雅事。再加上近些年来，人们越来越注重养生，茶叶便成了馈赠佳品。

普洱礼盒

同庆号四喜贡茶普洱砖礼盒

　　而普洱茶具备越陈越香的特质，只要存放环境适宜，就能长时间保存，因此用普洱茶送礼，除了具备其他茶品的优点外，还多了友谊地久天长、人生和情谊"越陈越香"的寓意。

普洱熟沱

《散茶和压制茶哪种更适合收藏》

众所周知，普洱茶的特点是越陈越香，而普洱散茶能在较短的时间内达到较为理想的陈化效果。但普洱茶以茶品年代久远为珍贵，且考虑到普洱紧压茶具有特殊的茶叶形制，比散茶更具有观赏性，所以从收藏角度来说，还是收藏普洱紧压茶更好。喝普洱紧压茶如同在"品味历史"，可以获得极大的精神享受。下面我们具体说一下。

首先，收藏普洱茶肯定会选择具有良好品质的茶类，这样才有增值的可能。同一时间生产的普洱茶，不论熟茶或生茶，经高温蒸压、烘焙过的紧压茶，其滋味都远比散茶要更甘爽、醇厚，因此紧压茶收藏时品质的初始基础就高于散茶。

其次，紧压茶有一定的形制，可令观者赏心悦目，品饮时，比散茶多了一层鉴赏的乐趣。另外，普洱紧压茶多为"方""圆"两种形制，这又巧妙地体现了"天圆地方"的思想，与中国的传统文化相契合。

最后，紧压茶经蒸压后，茶体更紧实，虽然其透气性比散茶差，但它节省空间，有利于较小空间的大量储藏，降低了储藏成本。而且紧压茶茶体内部的湿度、温度较稳定，陈化均匀持久，耐储藏。

下关茶王青饼

普洱紧压茶

影响普洱茶价格的因素

茶料的产地

从古至今，古六大茶山的茶叶制成的普洱茶都是颇受欢迎的，现在的景迈、班章、普洱市镇沅县千家寨片区的茶料也深受世人喜爱，其次是原思茅、江城、普洱、临沧片区的茶料。总的来说，西双版纳的茶叶制成的普洱成品茶要更昂贵一些，其次是原思茅今普洱市的茶料成品，再次是临沧片区的茶料成品。

易昌号一百克小饼

用料的等级

就普洱紧压茶来说，一般的用料规则是：饼茶优于金瓜、沱茶，往后排列是砖茶等，当然这也不能一概而论，我们说的是一般情况。总之用料等级越高，价格就越贵。

敬业号黄印铁饼

1999 年易昌号一条龙

历史意义

不同时期，普洱茶都会发售一些"限量品""收藏品""纪念品"之类的成品茶。这些成品茶，由于具有历史纪念意义，加之发售量有限，因此价格会高一些。

储存方式

普洱茶的储存有干仓、湿仓之分。纯干仓存放的方式最能有效保证普洱茶的自然性，但需要很长的陈化时间；湿仓保存是人工刻意地控制温度和湿度使其快速陈化，但这种做法会破坏普洱茶的真性。所以，干仓存放的普洱茶比湿仓的要贵。

普洱茶熟饼

年份

年份越久，价格就越高。

不同地域

各个地方的气候不同，导致气温和湿度等的差别，这就有些类似于干仓、湿仓的差异，相应导致成品茶质量的差别。温度很高、湿度很大的存储环境类似于湿仓存储条件，这些地域存储的普洱茶，价格相对要低一些。

普洱茶

其他因素

这主要是一些不确定因素。比如有的商家为了提高销量，短时间内可能会亏本出售；或者有些商家和个人为了追求短期的效益，成倍上翻价格等。

下关茶厂蓝印铁饼

如何规避投资风险

　　要想有效规避普洱茶的投资风险，不使辛苦付诸东流，首先一定要重视选购这一环节，只有藏品质量优良，才有增值变现的可能。另外收藏普洱茶不是头脑发热就能做好的事，它有很多需要注意的问题，需要进行研究、分析、判断。下面我们介绍一下投资普洱茶如何正确规避风险。

20 世纪 80 年代 8653 中茶牌普洱生茶铁饼

茶马世家珍藏级熟普洱茶

首先，要避免跟风，不要轻易被他人误导。为控制投资成本，购买普洱茶时，最好带上一个真正懂茶的朋友，理智购买藏品。如果决定入手，就应该购买优质的、质量得到广泛认可的茶品。如果已经购买了有缺陷的茶品，应尽快"减仓"销售，以免遭受更大的损失。

其次，最好选择一些有品牌的普洱茶收藏，对比那些毫无名气的杂牌，若干年以后，其被认可的可能性更大，升值的可能性也更高。而对那些没有产品标识、没有生产厂家、没有商标的"三无产品"就不要考虑了。

老普洱茶砖

此外，云南地区的气候也使当地产生不少有地域性特色的"稀有茶品"，应予以高度关注。一些亮点多、卖点多、富有特殊文化内涵的茶品也不应忽略。一些暂时影响力不大但质量过关的小品牌，也可能是潜力股，若干年以后有可能上升为著名品牌，这类茶品藏家也应该注意。

投资收藏应该多样化，不应把鸡蛋都放在同一个篮子里。如今普洱茶投资中一个很大的问题就是同质同类茶品多，藏品趋同且泛滥，缺乏个性，影响整体增值空间。因此，收藏普洱茶不要"一刀切"，应把握"多样性收藏"原则，做到收藏品种的多样。

普洱老茶

收藏普洱茶时不要只收藏茶品，还要收集能有效证明它的历史、年份、品种、产地、品质等特点的"证据"。"证据"的收集是每个普洱茶收藏爱好者都不应该忽略的问题。因此珍藏普洱茶，就像珍藏一段"历史"一样，是很有趣的。未来，普洱茶的投资必然越来越专业，珍藏茶品的"证据"对于茶品增值是非常重要的，应切实重视起来。

圆饼普洱老茶

另外还要注意收藏过程中普洱茶不能受到污染。因为茶叶中含有高分子棕榈酸和萜烯类化合物，能在几小时内快速吸收其他物质的气味，这样茶叶本来的气味就会被掩盖，致使茶叶受到污染。即便污染很轻，也会在饮用时给人带来不好的体验，如果污染严重就无法饮用了，这会给收藏者带来很大损失。因此做长时间的储藏，一定要严防茶叶受到污染。

普洱老茶熟饼茶汤

普洱茶的市场前景

　　云南产茶历史源远流长，早在公元前 1000 多年，云南人就曾把茶叶献给周武王。唐代，云南的茶叶就供应西藏、甘肃、青海地区，明代普洱茶声名鹊起，清代普洱茶发展到了巅峰时期。

　　近几十年来，普洱茶大放异彩。2007 年，云南茶园面积超过 28 万公顷，总产茶量 17.2 万吨，其中普洱茶接近 10 万吨，茶树种植面积全国第一，产量仅次于福建、浙江，居全国第三。茶业这个历史悠久、实实在在的大产业已经成为云南农业的支柱，是云南地区重要的经济来源。

勐库原野香普洱茶

勐库原野香普洱茶

近年来，随着普洱茶的知名度不断飙升，普洱茶不但深受国人喜爱，而且在世界上也享有盛誉。究其原因，主要在于它具有独有的特征与保健功能。虽然普洱茶市场中难免遇到困难，但它将在风雨中继续成长，规模不断壮大。

普洱茶的储存

生茶和熟茶分开存放

　　普洱生茶和熟茶是风格完全不同的两种茶品，储存时不应该存放在一起。普洱生茶和熟茶的香气类型差异较大，且都会随着储藏时间的变化而变化。普洱生茶的香气以荷香、毫香、栗香、清香等为主，普洱熟茶多为豆香、参香、枣香、陈香、樟香等，由于香气类型不一样，若将二者混合存放，必然使两者的香气互相影响或掩盖，使其本身的香气变得不自然、不纯净，从而降低收藏价值。另外，普洱生茶和熟茶的叶底颜色也不一样，生茶叶底颜色随储藏时间加深，发生由嫩绿—嫩黄—杏黄—暗黄—黄褐—红褐色的变化，而发酵程度比较好的熟茶，叶底颜色一般都呈猪肝色，并随储藏年份的增加逐渐向暗褐色转化。两种茶的叶底都是令人赏心悦目的。若将二者混合存放，茶叶互相混杂，叶底颜色就会变得很杂，影响美观度。因此，应将普洱生茶和熟茶分类储藏。

普洱茶汤和叶底

民国"亿兆丰号"皮包普洱砖茶一组

不同年代的不要混杂

新老茶叶也要区别对待，不应混在一起。如果收藏者收藏的普洱茶品种很多，可以归类存放。如同为普洱生茶或同为普洱熟茶的，由于茶叶的基本风格类似，可以将同年份的紧压茶或散茶存放在一起，这样既不会影响普洱茶的质量，又便于管理。而之所以将不同年份的同类茶品分开存放，是为了防止老茶染新味，也可以将少量老茶与新茶存放在一起，这样能加速"陈化"。

如果收藏的普洱茶数量很少，也应做到分类整理。在储藏期间，尽量不要把不同茶类相互混杂。

普洱茶的存放

不要过度使用"湿仓"陈化

    普洱茶的"陈化"过程，说白了就是一个"氧化"的过程。储藏期间的普洱茶"氧化"主要是多酚氧化、自动氧化和在微生物作用下的酶促氧化。只有这三种"氧化"同时作用于普洱茶，普洱茶才能快速"陈化"。在一定湿度、温度作用下，微生物大量滋生、繁殖，高分子化合物逐渐分解、聚合、降解，从而有利于普洱茶陈化，形成醇和、甘甜的滋味。但是，普洱茶如果长时间储藏于"湿仓"环境中，则容易发霉，进而产生浓烈的刺鼻性霉味。发霉严重的普洱茶，会给饮用者带来极差的体验。因此，"湿仓"虽说是加速普洱茶储藏陈化的一种措施，但却不能将普洱茶长时间存放在高湿度的环境中。为防止"湿仓"环境下的普洱茶霉变，可以将其换到"干仓"环境中。二者互补，方能既加速普洱茶陈化，又能保留普洱茶的纯正香气。

坛装普洱茶

对存放容器的要求

收藏普洱茶的容器，首先必须是无污染、无异味。在现实生活中，可用来收藏普洱茶的容器质地非常丰富，有瓦器、土器、竹器、木器、陶器、石器、紫砂、瓷器、纸质、玻璃等。其中塑料容器往往因为其特有的味道，很可能污染茶叶，因此最好不要选择塑料容器储藏普洱茶。搪瓷、金属容器密度高、透气性差，也不是理想的储存容器。使用透气性好的容器，藏品才能快速陈化。因此，选择普洱茶储藏容器时，应注意容器的透气性。

青花瓷罐

紫砂罐

雨季存放普洱茶的注意事项

陈化期的普洱茶，在经历雨季后，容易出现受潮、霉变或感染异味的现象，应及时进行干燥处理来补救。

把含水量相当低的茶叶露置于室内一天，茶叶的含水量就可升至7%左右；露置五六天后，则达到15%以上。在阴雨天气里，露置一小时，含水量就会增加1%。而在气温较高、适合微生物繁殖的环境，茶叶含水量只要超过10%，普洱茶就会发霉。在南方沿海地区，夏季高温多雨，很多家庭收藏的普洱茶都会受潮，进而出现不同程度的霉变现象，如果室内有些气味没有及时排除，还会使普洱茶感染异味。因此，在进入高温多雨季节时，普洱茶

普洱茶的储存

收藏爱好者必须时常关注藏品情况，以免发生霉变。要保证藏茶室环境通风透光，降低室内温度。一旦发现茶叶受潮，要尽快将其转移到干燥的环境中存放；对于已发生霉变的普洱茶，应设法进行晾晒、烘烤、焙干等干燥处理，并将处理后的藏品转移到阴凉干燥的环境中储藏。

普洱茶的储存

普洱茶的特别味道本就是微生物繁育的结果，因此对于普洱茶的霉变也应区别对待，有的霉菌甚至对茶品形成醇厚的口感是有帮助的。例如微霜状的"白霉"，被誉为"贵族之霉"，经干燥退"霜"处理一段时间后，茶品滋味会变得更醇和、更甘滑。历史上曾以黄色"金花霉"数量的多少来判别"老青茶"的品质，数量多的为优质茶品。但黑色的"霉变"往往会影响茶的品质，让人有"麻""叮喉""挂喉"之感，令人不悦。

尽管普洱茶是神秘的"生物食品"，但本着食品卫生的安全性原则，对于发生"霉变"的普洱茶，还是不要草率饮用。

坛装普洱茶

《普洱茶》

（修订典藏版）

编委会

● 总 策 划

王丙杰　贾振明

● 编 委 会（排序不分先后）

玮　珏　苏　易　孟俊炜

杨欣怡　叶宇轩　陆晓芸

姜　宁　鲁小闲　白若雯

● 版式设计

文贤阁

● 图片提供

黄　勇　贾　辉　李　茂

http://www.nipic.com

http://www.huitu.com

http://www.microfotos.com